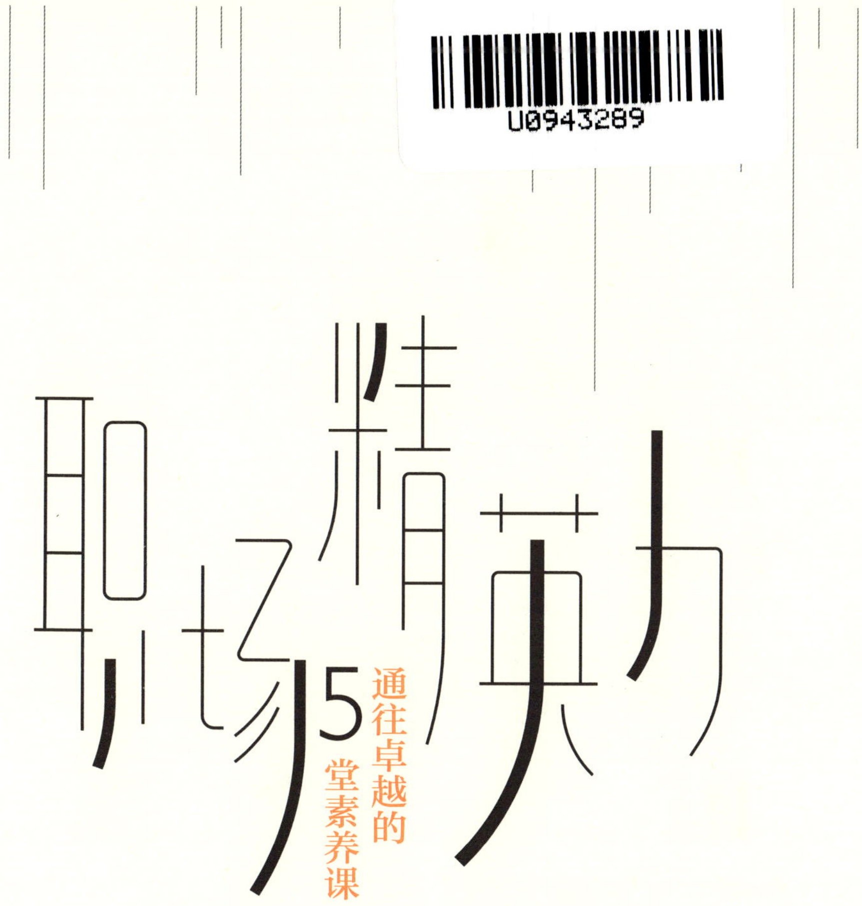

职场精英力

通往卓越的5堂素养课

陈嫦芬 著

中信出版集团 · 北京

图书在版编目（CIP）数据

职场精英力 / 陈嫦芬著 . -- 北京：中信出版社，
2017.4
ISBN 978-7-5086-5393-8

I. ①职… II. ①陈… III. ①成功心理－通俗读物
IV. ①B848.4-49

中国版本图书馆 CIP 数据核字（2017）第 050065 号

职场精英力

著　　者：陈嫦芬
出版发行：中信出版集团股份有限公司
（北京市朝阳区惠新东街甲 4 号富盛大厦 2 座　邮编　100029）
承 印 者：中国电影出版社印刷厂

开　　本：880mm×1230mm　1/32　　印　　张：6　　字　　数：120 千字
版　　次：2017 年 4 月第 1 版　　印　　次：2017 年 4 月第 1 次印刷
广告经营许可证：京朝工商广字第 8087 号
书　　号：ISBN 978-7-5086-5393-8
定　　价：39.00 元

服务热线：400-600-8099
投稿邮箱：author@citicpub.com

目录

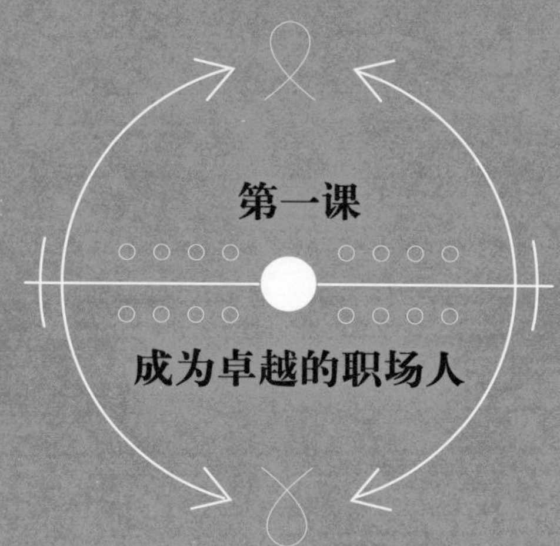

第一课 成为卓越的职场人

工作上班，占去我们人生很大部分的时间。一个人对职场认识的深浅，以及对可能面临的情境或是挑战所理解的程度，会影响这个人工作上的表现。当然，也会影响到他的人生。

整体而言，我是很幸运的人，做过很多事情，在30多年的职场生涯中，历经不同工作领域的锻炼，成就还算差强人意。

我在大学主修法律，毕业后进入律师事务所服务的7年，除了掌握基本的工作方法，对职场上的人情世故与进退应对的方略，也有了初步心得。在职业生涯的第二阶段，我转行加入了当时在亚洲还刚起步的国际投资银行业，在几位世界级大师的调教下，从投行的基本业务学起，进而成就了我管理跨国机构及专业人士的多年经验，最终成为国际专业人士。在金融界的20多年，可以说是我职业生涯的高峰期。我曾出任瑞银集团投资银行（UBS）亚太区副董事长兼董事总经理、雷曼兄弟（Lehman Brothers）亚太区副总裁及汇丰（HSBC）金融控股集团台湾区投行总经理等职位。

许多读者朋友已经在职场工作了一段时间，也有很多还在学习的朋友，有了不错的实习经验，即将步入职场成为其中的一员，为企业、为组织，或是为自己工作（创业）。相信大家对于“职场”是什么，都有自己不同的理解。

对我而言，职场是处理人与事的场所。关键在于，要如何做事？如何做人？如果你做得好，那么是否比其他人更好？

决定职场胜负的不是学历，而是实力

首先，大家不要因为一个人的资历显赫，就以为对方一踏入职场就不同凡响。绝对不是的，我也是从菜鸟起家的！所以，若你现在对自己的工作表现不甚满意，其实很正常。我在工作上也有过很多难受、挫败的经历。在刚刚进入职场的很多时候也是充满“冲击”“慌乱”“困惑”“挫折”的跌撞过程。当时虽然令人难受，但回想起来，那段脱胎换骨的历程还是让我很受益。

我的第一份工作是在律师事务所。当时，因为出身名校，老板认为我的法学知识应该不会太差，加上面试时表现不错，被一家从事涉外法务的国际律师事务所录用，成为一位专职法务助理。找到这份工作，身边的师长亲友都为我高兴，只是上班还没几天，我就陷入了一次严重的自我怀疑当中。

原本在学校经常受师长表扬、同学肯定的我，怎么一入职场，就显得拙笨粗心、动辄犯错，还不断遭受主管与同事的指责，成了让人唯恐避之不及的二愣子？从小自认甚少胆怯的我，第一次惊觉自己竟然对所处情境“无所适从”，那真是让人深受震动的恐惧经历。

当时我的主管是在英国受教育的一位杰出女性，她对部属要求极为严格。只要稍出差错，或是表现与她预期不符，她便不假辞色地批评，而我总是跟不上她的思维框架和速度。以至于工作没几天，一想到上班，我就会觉得心里怦怦乱跳，脑子里全是担惊受怕的情景，连每天走进办公室都是心惊肉跳。结果，我的表现越来越让主管失望，还曾在主管面前失态落泪。

还好，犯错总会有收获。因为自己还是愿意学习的，我渐渐开始理解主管对工作质量高要求背后的原因，也慢慢开始享受在完成主管所交办事务之后获得的满足感。尽管自尊心偶尔仍会受创，但我更期盼能学到新东西。

两个月后的一天，我鼓起勇气跟主管说："我做得不好，请你骂我；但骂我时，也请教我。"

她起先愣了一下，后来说："好啊！"

从那一天起，主管果真履行承诺，在教我做事的原理时，给予了较多的耐心。而我则像吃了大力丸，努力学习她在不同层面给予我的指导。从对主管的近身观察中，我体察到，她深受众人艳羡的杰出成就并非仅仅来自充足的法学相关知识，更多的是经年累月沉淀的细巧能力与不凡素养。从此，我对主管更为尊崇，也初步勾勒出在自己心目中成功职业女性的轮廓。

菜鸟的工作就是不断地学习

工作几周后，我很快发现，大学所教授的课程很难直接应用在实务上，需要把书本知识重新读过，进一步领略其真意，才能派上用场。我虽凭借顶尖学府的出身取得人生第一份正式工作，心底却清楚，名校的光环闪耀不了多久，要在专业领域中立足、胜出，还有很长的学习之路，我需要不断努力、反刍、实践，以弥补大大欠缺的知识及各项技能。

此后，我开始更为仔细地观察主管、同事和客户待人处事的方法，以及他们彼此间的互动，希望尽快找到职场的窍门。那段时间，因为业务关系，我开始接触许多社会上的"成功人士"。我发现，这些来自不同领域的杰出人士，他们言行的优雅贴切、思想的宽广深远，都超出我的想象，除了具有各自行业领域的专门知识技能，他们还有着许多共通的特质。这些看来相似却难以清楚描述的素质，显然是他们在事业上取得成就的关键所在。这样的发现让我很不安，也无法从书本知识中直接获取。我告诉自己：那些能力，应该就是我所欠缺的“特质”，或是“成功条件”。

反观还十分稚嫩的自己，在工作所要求的基础能力与知识方面都很欠缺，连基本的沟通能力、做事原理、专业形象，以及待人接物等方面的认识，还总弄不清楚。结果就是经常因为工作上受挫而导致情绪低落，即使偶尔能跟学长学姐聊聊，还是难以在短时间内抚平自己的情绪。最苦恼的，是不知道与同事、主管发生不愉快的沟通后，如何迅速与对方恢复原有的合作关系。

这些体会让我感到惶恐：为何学校里的老师都没有提及这些？我该如何学习？难道真要耗费 10 年或是更长的时间，在无数的犯错中才能最终走出一条坦途吗？我离卓越的境界，到底还有多遥远？那时候，长辈提醒我，公司愿意接纳并花钱培养像我这样知识与能力如同白纸的职场新人，应该心怀感恩。我明白这道理，心里也想着如何缩短学习的历程，让自己能更快在职场上展现才华，为培养我的组织创造价值。

在那段“认知职场基础能力空白期”，我借着模仿同事、参考主管的点评，加以自身的直觉反应，懵懵懂懂地度过了。即便偶尔感觉还是有些进步，但仍觉生涩稚嫩，我戏称这是我在职场上“确认自我定位”的阶段。现在回顾那段经历，我可以严谨地说，那段摸着石头过河、胆战心惊的经历，主要还是基于对职场情境欠缺基本认识，面对挑战没有对应章法所导致的必然。

我建议还在学习的朋友，善用时光及早通过实习或社团活动掌握做事与待人的基本技巧，这样未来就能在职场上少走迂回路。较早发觉自己有不足，就能积极寻找机会强化学习。例如，我知道自己的英文表达能力不够好，便想方设法寻求进步。担任法务助理时，我会等主管交代完事情后才下班，因此经常负责锁门。那时，主管会录下她口述的法律意见，由我隔日一早将录音带交给秘书打字存档。借这个机会，我便留在办公室里一个人反复听录音带，背诵主管典雅的英文，隔天一早再交给秘书。经过几个月的苦练，我见证了自己英文的进展，觉得很开心。

为了回报主管的耐心教导，我自告奋勇，在她儿女放学来办公室等她下班的时间，陪孩子们朗诵诗词。我一直喜爱中国古典文学，加上字正腔圆，孩子们学得高兴，主管也感受到我的热忱，于是更加关照我，指导越发深入。这段时期，我的做事效率有了显著提升，主管对我的信任增加了，自己也经常因为学到新事物、结交新朋友而感到满心喜悦，并逐步开始建构起自己的人脉网络。

当然，工作中我还是难免出现失误。比较明显的进步是，当再被主管批评时，我已能将挫折感快速转变为补救失误的积极应对，并以学到新本领作为给自己的奖励。心性乐观的我，总能在挫败中，通过感悟新方法、争取小小进展，继而再经受挫败、再追求小小进展的交互循环，逐步前进，累积可观的心得。三十多年的职场生涯，我能够得以在不同的工作岗位上展现才能，取得事业上的不错收获，一方面得益于不凡的际遇，而最重要的，是在职场中练就的不断挑战自我与突破自我的能力。

我一直相信，一个人的干练，是从“实践”到“悟得”的往复过程中逐渐形塑而成的，必须通过“做中学、学中觉”，持续不断地推进验证，才能建立起实质性的自信心。我更深刻地体悟到，应该积极培养应对职场不同情境所需具备的各种能力，也就是“职场素养”，“职场素养”的丰寡程度决定了一个职场人士的存在价值高低，也决定了你的未来能否踏上卓越之路。

等待面试时你会做什么

我在很年轻时就当上了主管，经常面试求职者，累积了相当多的识人经验，对面试题的设计，我也有许多自己的见解。现在，我偶尔还会帮助大企业或跨国机构，面试关键岗位的候选人。

每家公司要找的人才当然不一样，但是会有一定的共通点。在此，我分享一道公开题库的面试题，希望能对各位有所启发，更有针对性地培养职场表达能力。

情境是这样的：

今天你即将与我（公司的总经理）做最后一场面试。这是求职应聘的最后一关，作为面试者，你肯定不会迟到。我通常会与秘书合演一出戏，就是在你抵达办公室后，我的秘书会先出面跟你说：“陈总正在一个重要的视频会议上，请随我到会议室稍等几分钟。”5 分钟后，我再到会议室表达欢迎之意，把你领进我的办公室。短暂的寒暄后，第一个问题是：

“请你描述刚才所在的会议室。”

为什么我要问这个问题？因为所有的高管一定都非常忙碌，他们希望在最短的时间内，了解求职者更多方面的能力，其中一项就是“观察力”。

想象在如此高压的氛围下，一个人在会议室等待的短短几分钟里，你会做些什么？是专注思考稍后如何应对面试官？或是滑手机，看看社群网站上朋友圈的新消息放松心情？

想成为干才，必须具有良好的观察力

我的工作属于金融服务业，我们的对口客户主要是董事长、首席执行官、财务总监等企业负责人。因此，有机会跟主管一起出席商务会议的人，都必须具备**在任何高压氛围下，仍能全神观察周遭事物，同时可以很好与客户商谈的能力，至少你要有培育这项专业能力的潜能**。只有拥有这样的能力，才不至于只是傻乎乎地跟着，显得无所事事。如果在主管与客户开会时，做不到多搜集会议中有形的、无形的信息，便降低了随行参与会议的意义。**这种随时关注周遭事物的能耐，要经常练习才能内化为个人的特质，进一步提升自身潜力，进而成为干才**。

每次当我问求职者："能不能描述刚才你所在的会议室？"

多数人都会先愣一下，有些甚至无法回答。

记得有一回，一位条件不错的求职者，也是愣了一下，才娓娓道来："会议室里有张很长的桌子，椭圆形的……一边墙上有6扇窗，我很喜欢里面的椅子，因为坐上去很舒服，而且白色的也很少见……"

一讲完，我轻轻说："给你一分钟时间，你去会议室看看。"

没多久，他站在门口低着头不敢进来，原来他发现椅子并非他所描述的白色，而是黑色。

虽然如此，我们仍然录用了这位年轻人，因为他还知道一边的墙上有6扇窗。

我问他怎么记住的？

他说："因为你还没出现，我有点紧张，就利用时间看看环境，纾解自己的压力，我也注意到会议室的座位可以坐18个人。"

其实，我并不期待一个年轻人在高压、异常紧张的情况下，依然能多厉害地清楚记住周遭环境。但是，他的回答却显示出即使在高压情境下依然能眼看四方，说明这是他既有的习惯，也是心力耐受度的表现。我更关注的，是他描述时的态度与反应，至于颜色错误等问题，只是欠缺经验，往后多留意多锻炼就行了。

期许自己成为主管最佳的耳目

上述这道题目背后的考量和重点是什么？就是**有素养的部属，在高压的情境下，依然有能力收集周遭环境所提供的信息，眼观六路，耳听八方**。跟着主管参加商务会议，就要负责协助主管搜集信息，这样随行才有价值。

其次，我可以透过这个题目，了解求职者商业叙述的基础能力。你能不能冷静地观察环境，在短时间内整理出所得到的信息，并分享给别人，让没在现场的人听到说明后有如临现场的感受。

大家应该感受到了这是一个并不容易的挑战。想一想，绝大多数职场人士的职场生涯，都是从助理开始。这个时候的你，主要的工作是完成被分配的任务，同时还要承担主管的耳目与手脚角色。而耳目与手脚的工作重点，就在于帮助繁忙的主管搜集资料，主管不在的地方帮主管多看多听。最常见的场景，就是主管派你代表部门去参加会议。

譬如，我请小张代表公司出席一个客户的会议。

小张回来时，我问他：“今天这个会如何？”

“还好。”

我追问：“开会时王总说了什么？”

他说：“没什么。”

回想一下你是否有过类似的对话？摆在这里很容易看出，小张没带回任何有意义的信息。职场上，每个人每分钟都是公司的成本，花了半天时间去开会，回来如果只传达“还好”“没什么”这类信息，价值何在？

如果主管让你去开会，希望你不要错过记录会议中交换的不同观点及意见，以优化组织决策。因此，至少要把该会议相关的人、事、时、地、物做事实性的描述。

主管们通常比助理的职场经验丰富，助理知道的事，主管大都经历过。因此，助理汇报的信息价值主要来自开会过程中，哪些部门主管有哪些意见，或是开会时有哪些特殊的情境发生。这些信息，可以供主管在做下一步决策时，作为有价值的参考。

如果小张回来汇报：“今天这个会议，讨论了我们双方关于共同营销 ××× 新产品的议题，得到了 ××× 的共识，预计明天会拿到会议记录。今天我们公司有两人出席，我与工程师小陈，对方有三人出席，王总主持。会议两点开始，进行了两个小时。会议主要总结了我们双方对新产品功能的探讨，也对修正功能做出了调整建议，我与小陈都展示出了我们公司的强项，基本上没有意料外的议题。下班前，我给您一份会议简要。”

这才算是合格的报告。

观察和叙述是职场人士的基本功

在这里，我归纳一下观察与叙述的原则。

观察的原则，基本上是追求**巨细靡遗**。

而叙述的原则是：

· **尽量单纯叙说事、物，暂时不加入个人感受**。

· **先说总体轮廓，再说次要重点，有时间再描述细节**。

· **尽量借助数学、几何等科学性的语汇，例如数量、比例、形状**。

商业叙述的信息不要“超重”，即信息量一次不要太大，否则可能让听者疲劳，抓不住重点。观察力的提升需要经常锻炼，这是一门逐渐累积的功夫。

我的锻炼方法是：不论在任何场合都关注有趣的题材，练习做描述，把它们当作说故事的材料，慢慢地提升叙述能力。

描述或表达一件事的基本原则如下：

· **先概要叙述事件，五大要素（人、事、时、地、物）**。

· **辅助事实的陈述**。

· **因果论述，也就是分析事理**。

· **探讨该事件可能产生的冲击与影响**。

· **视情况场合允许，进行主、客观评论（花絮、反讽、对照）**。

商业叙事，特别讲究“言简意赅”，一定要先讲目的和结果。在职场里向主管口头或书面汇报，不同于一般与朋友的对话。职场要求效率，信息的收发端，都要以最精简的方法，传达最关键的信息，所以双方都要有能力化繁为简、见微知著，避免浪费宝贵的时间与心力。其基本顺序如下：

- **为文目的（供参考、会知、核准……）**。
- **扼要叙事（背景、拟请核之议）**。
- **利弊分析、因果论述**。
- **事实缘由（人、事、时、地、物）**。
- **其他补充论述与分析**。

你在向主管做报告时，只要先点出主题，稍加陈述，主管大概都知道你所面对的问题方向。所以，要先讲结论，如果有亮点，主管可以直切主题，继续让你说下去。如果报告没有亮点，主管知道你的目的和结论就行了。

我们身处一个充满活力的年代，每个职场人士都要训练优质的商业沟通能力，清晰表达彼此所获得的商业信息，提升公司决策判断的质量。观察、内化、整理清楚及做重点、摘要的商业沟通力，是职场人士一项非常关键的能力。

职场女性当自强

由于先天与后天因素的制约，职场中女性遇到不公平对待是事实，同工不同酬或是升迁受阻的情况在各行各业都很常见。在一些专业领域，有机会担任最高领导者的女性更是凤毛麟角。对于女性升迁的“最后一里路”，素来有“玻璃天花板”之称，这指的是在企业组织中，阻隔女性及少数族裔等某些群体晋升高位的无形障碍。

我在汇丰集团台湾投资银行部门担任总经理时，商业银行部门的总经理是位英国同事。当时我们资金运营部有位女性主管表现非常优异，每年帮银行操作资金赚了很多钱。前一年，这位女性主管生产后，休了三个月的产假，隔一年她又怀孕，英国主管就不高兴了，批评了这位女同事，还说让她先生考虑一下银行获利减少的风险。这样的谈话在我看来很不恰当，有一天我找到机会就向这位英国同事表达了自己的观点，他立刻道歉了事。没想到，年终奖金与加薪，他还是对这位女同事做了不利的判定，由于这是他的权限，我也帮不上忙。

女性如何突破职场的“玻璃天花板”

那么，具备潜力的女性职场人士，到底应该如何准备，才能争取机会、突围胜出呢？

我的职场生涯多数是跟男同事合作，所以作为女性主管，经常面临挑战或是不便。这些经历增长了我对人性的认知，也比较深入地了解了两性在体能、学习及反应上，确实存在很大的差异。其中感受最深的体悟是，生气抱怨对事情不会有任何帮助，只有透过自己认真努力，持续保持优异的工作表现，才能争取到与男性同事展开“实力竞争”的机会，在这一天到来之前，我们应理解职场的性别差异，短期内还难以做到公平。

观察历史，几世纪以来，各行业都以男性为主要领导，我对这一点非常好奇，平时对优秀男性同事的领导技巧和沟通方式，也有过不少留意、观察。所以常想着，既然有的学，那就学起来。同时，我发现男性同事在职场上其实也有不少困扰，反而我的女性特质具备若干优势。这种念头让我在刚进入职场时，就开始琢磨着自己身为女性的安身立命之道。首先，我与男同事维持良好的工作关系，不做他们反感的事，少犯他们的忌讳，尤其是在他们固有印象中认为女性一定会有的一些问题。比如，不少男同事都议论过办公室里的美女穿着暴露，言语撒娇，拼不过就落泪，虽然表面上无妨，但私下还是不讨人喜欢。所以，这些事我会努力避免。

将这些阅历内化为我的优势，形成我的风格，帮助我在职场上得以顺利发展。我一直很关注女性在职场的生存之道，特别是那些在专业领域里资质优异的女性。在当今这个时代，各领域蓬勃发展，我由衷期盼更多的女性得以展现才干，发挥正向的影响力。

我认为，对女性的职场素养培育，要着重放在“形象”与“心态”的准备上。有一次，在出席美国常春藤名校中国校友会的论坛上，我专门针对女性的价值实现和自我提升发表了讲话。当时，我分享了对女性职场人士“形象”与“心态”的主题演讲:《一个刻意、一个不刻意、一个不在意》。

刻意追求真善美

刻意。追求真、善、美的整体形象，刻意关注自己的仪容装扮及言行举止，在任何场合都要注意得体贴适。相比而言，我更追求自己具备实质的知识与素养内涵，以满足自我实现的目标。

女性的美，需要借由“聪慧勤美”反映，相貌只是其中的一部分。令人心情愉悦的女人，她的气质是经由大量时间与心力化育而成的。因为需要知道什么适合自己，怎么样才能最美，所以就要懂得多、勤着学、勤着做。旁人看我才情纵横、光彩照人，这是因为我尽心活在当下。**美是建立在勤快的精进上，“勤”与“美”是相伴相生的。“勤”让我们追求更好的自己，这才最终产生了“美”。**我时刻提醒自己，好好发挥并用心享受女性的身份：该漂亮时漂亮，该温柔时温柔，该优雅时优雅，该强悍时绝不畏怯，要深深以自己身为女性为荣。现在的女性在驰骋职场的同时，也是可以延续传统女性形象，履行一个多元角色的，应该珍惜这份机缘才是呀！

在装扮上，我讲究“大简为美”。我的套装或西装，肩线妥帖、宽松合宜、色彩单纯低调、裙子下摆够长，坐下时不需要刻意调整坐姿。紧身露体的衣服绝不会出现在我身上，因为我知道在职场上显露性感，不仅场合不对，也会释放出自贬身价的错误信息。我咨询过很多成功男性，他们几乎一致表示，在工作场合中，女性形象所呈现的“正”，比一味追求与旁人雷同的“美”，胜出太多了。

我刻意管理自己在职场的“声相”，与人说话时一定让声音落地，不嗲声嗲气，也不装汉子说话，而丧失女性魅力。我刻意关注自己的语汇选用，以充满活力的声音，让人感受到我的自信与干练。我刻意关注自己的肢体语言和姿势经常保持端正，面带微笑，眼神不飘忽。我刻意收敛任性的心绪，偶尔察觉受到情绪干扰，马上寻求调节方法。我刻意不参与是非闲话的圈子，维持自己中立于办公室政治的帮派之外，坚定自己的价值观，认真完成公司分派的工作任务。我刻意让自己有较多的独处时间，平衡忙碌行程对身心的挑战。我刻意接近素养比自己优秀的人士，向他们虚心请教，学习知性的话题，品味美学的素养。

不刻意强调自己是女性

不刻意。在职场上，我不刻意强调自己是女性，而是扎扎实实追求自己“专业力”的充实，让我的自信心由内而外散发。在职场中，我见到过度强调自己是女性的职场人士，有时会遭遇更多无情的考验，让人误解是想靠性别要求特权。我认为，**强调女性的特殊权利，反而会诋毁女性一些原本优秀的品质。争取平权是要求机会均等，而不是享受特权**。

我不刻意在职场里提到家人。我先生是台湾最早的优秀银行家之一，在专业领域表现出色。即使我们在金融圈都做出了一番成绩，很多人早期并不知道我们的夫妻关系。我们为多年婚姻的幸福美满感到欣慰，但从不张扬私人领域的事。因此，我在职场上的表现，使得镁光灯就聚焦在了我个人的实力上，这对我的形象起到了正面的作用。对于因工作关系认识的成功人士，我也不刻意经营工作外的关系，以免客户认为我想攀高或是另有图谋。

不在意批评和谣言

不在意。别理会职场中的恶意批评或是无端谣言。没有人可以有效管控闲言杂语，就算把心剖开，也难以阻止某些人喜好评论人的陋习。一切先问自己是否尽力。

我建议把精神专注在自己实力的提升上，不要太过算计薪水或是头衔上的得失。我换过几次工作，遇到合意的机会，被问到我期待的薪资时，我总是说："依你判断，我没特别意见。"我甚至不提目前的薪资内容。因为我认为不同机构就像橘子与苹果一样，难以比较对照。我换工作是为了新的学习机会或更好的发展。换句话说，我是投资自己，不会为了区区一点差价，就错失一个好的机会。结果，通常第一年里少于上一家公司的薪水，第二年除了按照职级全额补足外，甚至因为我的绩效优于预期，红利奖金更多。这些经验让我更确信好的机构与主管不会冒着失去一员干才的风险占员工便宜，更不会因为你是女性而额外苛刻。

我不在意有人称我是女汉子或女强人，这些称谓是旁人的印象与观点，我无法改变。我知道自己的状况，明白谤誉相随、祸福相倚的道理。不在意与我恶意攀比的人，即使自己的路很孤独，也要继续勇往前行，书写自己的故事。

“妒忌”是很恐怖却难以逃脱的人生课题，对职场女性而言更是挑战。许多女性争取平权，期盼有更多机会出头，但是在现实中还是不习惯与女主管共事。也许这是父权思想的文化基因所致，但我更相信这与两性相吸、女性自觉力有不足相关。我与女性朋友的多年情谊，一旦成了同事就变得复杂。我与闺密决裂，都是因为说不清的妒忌心，对彼此造成伤害。当然，时过境迁，若仍有缘分，情谊还是可以挽回的。有智慧的长辈指点我，凡事先问问自己心中的“一本账”，但求无愧，也不要强求，缘起缘落本是自然的事，既然如此，那就鞠个躬，感恩彼此友情路上的相互学习吧。

说起“人与人之间的一本账”，我们在与身边的每一个人相处时，都要有一本账，记在心中也罢，记在纸上也罢，详细记载我们之间，付出了多少，又获得了多少，物质或情感都记着。“回报”多于“付出”应该戒慎：我是不是拿了不该拿的？我付出过什么，值得对方给予我这些呢？像这般定期审视很重要，因为良好关系的前提，是我们对人的付出，永远要比得到的来得多。记好“人与人之间的一本账”是“自爱”，希望自己更好、更大气，在人际来往中更为裕如。提醒自己要多付出一些，在发现自己有所得的时候，内心也会变得温柔，能从容纳受人际关系的阴晴圆缺、缘分的起落生灭，让自己在待人处事方面更能够心安理得、无愧天地。

既是男女平权，就不需过度在意与男性的交往。在职场上与异性同事或客户的往来，尽量落落大方。我们需要从人际交往中学习，也需要朋友来丰富我们的生命，不要因为性别不同，就否定了与职场大半数人的朋友缘分。

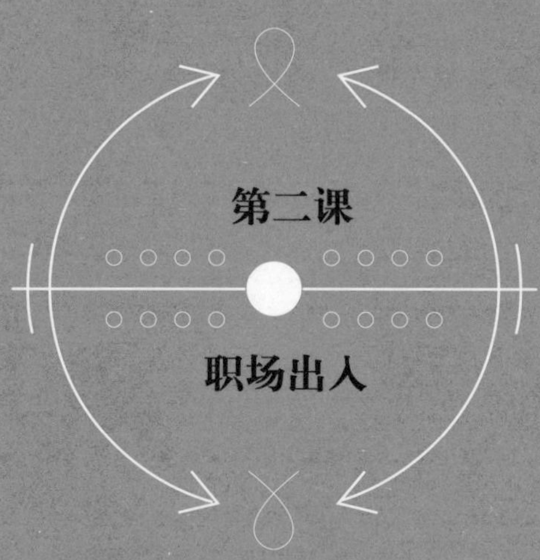

第二课

职场出入

跳槽离职，好聚好散

每逢岁末年终，面对又将开始的一年，有些职场人士或是给自己若干期许，或是考虑跳槽离职。

“离职”的纠结，是绝大多数职场人士必经的历程。在各行各业，离职、转工、跳槽都是平常的事，老板其实心里都有准备，再好的人才，终究还是会离开。虽然工作关系聚散很自然，但是要离开工作岗位的员工，从提出辞职到离开岗位的处理过程，还是能展现职场素养的高低。跳槽离职时想好聚好散，有许多要注意的事项。

从离职高就变成“被开除”

我担任高管时，隔壁部门有位优秀的年轻女同事小瑾，出身书香门第，又是海外名校MBA（工商管理硕士），做事勤勉负责，同事对她都有很好的评价，主管也积极为小瑾安排各种培训计划。

小瑾这么优秀，当然很快被猎头公司关注，顺利牵线让小瑾拿到我们对手银行的工作邀约，隔一季就正式入职。当时，小瑾的主管正忙着一个纽约上市案的路演行程，出差在外。小瑾准备等主管一回国，马上跟他报告自己的离职决定。但是，实在忍不住心中的雀跃，小瑾便跟她在同部门合作的“同事闺密”说了新工作的安排，没想到茶水间的两人谈话，很快就在公司里传开了。小瑾平日待人诚恳热心，人缘相当好，因此同事们争相要为她筹办欢送派对。

两天后，小瑾的主管出差回来，听闻这一情况，就请小瑾进办公室，问清事情的来龙去脉。隔了几个小时，也就是同一天下午，小瑾竟然接到通知被“开除”了，就做到当天，理由是干扰了部门同事的工作士气。

大家可能觉得意外，认为小瑾的主管太不近人情。问题是，真是这样吗？这其中大家要理解，老板从管理角度来看，大概都会这样做的，何况是纪律严谨的跨国公司？其实，小瑾可能没有任何恶意，有更好的舞台，所以跳槽也无可厚非，但她的做法确实是不合乎职场素养的。你可能会说，小瑾是不知者无罪呀！其实不是，这是做事是否成熟的问题。只要换位思考，设想你是主管，就可以理解为何小瑾从很优秀被挖，到一转眼被开除这戏剧性变化背后的原理。

在跨国大公司里，“影响团队士气”是被开除的主要原因之一，需要慎重处置，不是人情可以解决的。优秀的人本来是最有机会在组织里向上攀升的，这些人自然也是竞争对手觊觎挖走的对象。公司知道这些人有潜质，当然希望能够留住。那么，这么有发展潜力的人离开公司，还四处张扬，各位认为，当主管的应该如何处理？再加上，知情的员工当然会花时间猜测小瑾为何选择离开，若非薪水条件、加成好，就是没对方银行有发展潜力，种种猜测，让员工分心不安，降低工作效率是必然的。小瑾虽可能无辜，但她犯的却是职场大忌！

离职的处理需要学习，最好在步入职场前，就能有一定的认识。这项能力是用于结束一段人际关系的情境，不要等到遭遇类似小瑾的处理结果才着急，那时别人想帮你都无从着手。更不要任性，随便留下烂摊子，不然身边的每一个人都会记得你欠缺职场素养。想想，铸下这么不应该的错误，多么可惜！

这样的离职方式会让人怀念你

每个人一生总要跳几次槽，这是职场人士的一项权利，我自己也换过工作，借此提醒有计划跳槽或离职的朋友应该有的基本态度，作为安顿目前工作，达到好聚好散的参考：

（1）关于离职的决定，你的直属主管必须第一个知道，不宜让其他人先知道。设想同事都知道了，主管才听闻，等于是把主管蒙在鼓里，这是大不敬。简单地说，对直属主管的基本尊重要先到位。

（2）提出辞职的时间点要谨慎考虑，你新加入的公司真想要你，等几天不碍事的，若是对方要挟你现在不来就不用来了，那我建议你真不该去，那里肯定不理解员工的难处。主管出差通常很忙（像我就特别难以释怀同事在我出差期间提出辞呈）。

（3）尽可能跟主管以面对面的方式提出辞意，比较能让这段合作关系好聚好散。对共事期间，主管对你的指导关照，一定要表示感激。即使你与主管合作不愉快，相信还是会感悟到自己有所成长，这是主管陪伴着你所取得的成效，也是你迈向下一里程的重要基础。表达感谢是素养，还能让你的主管为你的离开感到遗憾。离职留给人家一个好印象，总比彼此造成感情伤害来得好。

（4）一定要配合人力资源部门的管理规范，正式提出辞呈，负责任地移交工作，按规定缴回所有的工作档案，包括离职日期、程序、保密条款等都要做得较为到位，确保在离开工作时留下优雅的身影。

（5）离职后避免批评原来的公司与主管，也不要讨论过去工作中经手的客户或处理的任务细节。这是专业素养最值得注意的事，一定要谨慎。或许新公司为了要得到你过去商业上的机密才挖走你，但我提醒大家，新的老板若是厉害人物，他知道你可以违背职场道德泄露这些信息，他会真心对你，还是留一手防着你呢？

（6）要不要透漏新的工作去处？一般而言，最好新工作正式上班前不透漏你即将加入的公司及任用细节，以免引来不必要的猜测或事端，甚至导致两头落空。若是转行，比较无所谓，很多同事会给你祝福，或许还能帮忙。但若是加入竞争对手公司，我建议先保密为好。在跨国企业还有一个针对高管跳槽的行规，就是在两个工作之间安排一段时间间隔，以降低商业道德方面的风险。在英文里称作“garden leave”，意指在花园里栽花休息的意思，免得被解读成急着带兵投靠，如此就违反职业道德了。

（7）要好好感谢同事与主管的点评与指导，强调自己在这段时间的学习，并郑重道谢。若是同事为你饯行，在聚会中说哪些话比较合适，建议你要事前准备好。

（8）既然离开职位，不要再回头去过度关心以前公司内部的人与事，结束一段里程，就过去了，每位职场人士的路都是向前看的。我见过有些能干的人离开工作，还喜欢指指点点，很可能给现在的管理者添乱。

组织里的人才时聚时散，是高管的工作内容，也是他们

所面临的最大挑战。有些人的离开有充分的理由，也有些人是一时意气的决定。我见过一些才高气傲的优秀人才，因为没有控制好心绪的冲动，义愤之下率性辞职，我也曾经冲动之下想做这样的事，当时的情形就是咽不下一口气，所幸及时躲过，没酿成大错。每个人选择离职都有自己的理由，说句真话，主管或是同事给你的意见说法，都不能实质性地影响你。离职是一个不容易的决定，听人讲两句暂时没走，应该不是说的人有理，真正的关键是你还没想好。相对的，你既然决定离职，理论上就会承担做决定的后果，找那么多人来议论，就没必要了。

跟我合作过的同事都知道，我见到辞呈一般都会批准。因为我相信每个成年人，都很尊重自己，不应该拿离职要挟主管或是所服务的公司，这是素养问题。当然，若离职的同事是公司里的大将，我也会犹豫谨慎，但是只要想想人生聚散都是缘分，祝福对方，让公司的影响力得以扩大，也是尊重离职者，同时也是当主管的责任。

虽然说我的原则是对部属辞职都采取尊重的原则，但对公司贡献比较大的人才，我也会慎重处理，特别当对方处于去留两难的情况时。我会择一安静处所当面听取他们说明做出离职决定的主要原因，也给予我可以改善的空间。这样用同理心沟通的方式，有几次也使有些同事因而回心转意。如果对方辞意甚坚，这样也能适时舒缓其对公司的不满情绪，降低后续彼此间不必要的感情伤害风险。

不当的工作态度导致被迫离职

借一个故事提醒大家，工作上应对的态度不当，可能导致你未曾预料的被迫离职。

组织内的绩效考核，一直都是与所有员工紧密关切的项目，因为这关联到个人的薪酬奖金、职位升迁等职场发展。我在担任银行高管时，公司高层为了加强考核，便对相关的绩效考核制度做了调整。我在部门会议上宣布时，当场有位员工“小董”激动地起立反对，未等我反应过来便转身离开会议室。更糟糕的是，小董会后竟挑拨其他情绪受到感染而不稳定的同事，以不工作来反抗组织的决定。

我观察了几天，发现情况没有改善，便找了那几位被小董挑动的同事对谈，深入了解他们的关切顾虑。对谈最后，他们表示新制度确实带来了不少新压力，但已明白公司考虑的是未来的发展存续，所以愿意积极开展工作。之后，我单独和小董谈话，希望能良性沟通，毕竟我认为他是位干才，原就有打算对他好生培养、系统训练。没想到，小董仍是态度强硬、言语挑衅，甚至胁迫发动罢工、带领其他同事一起跳槽到竞争对手的公司。

我在无可奈何与失望之下，只能辞退他。而其余曾受他挑拨的同事，则情绪逐渐恢复稳定，认真工作去了。

很多时候，辞退一个人并不是因为这个人的能力问题，而是这个人心绪素养的高低问题。**职场人士需要学会尊重与服从上级，确保团队工作与任务目标的完善**。若员工无法站在团队的高度思考问题，仅执着于自己的视角，甚至恃才傲物，找上司的麻烦，这样的部属迟早要碰壁的。

如果你真的认为**公司依照程序规章所做出的决定不合理，也要通过正常的渠道与方式去回馈**，在给上级留出时间讨论的同时，也要执行已下达的决定。

职场中受委屈、遭遇不公平的情况很常见，员工可以选择用合适的方式提出，也可以在组织有不合规的情况下选择到执法部门寻求帮助。这次事件中，最令我失望的是，小董选择以煽动同事的方式来对抗组织，而未采取职场上正确的方式，不仅无法解决问题，最终还导致自己被辞退，很不值得！

每个公司有各自用人的文化与原则，应予以适当尊重。期许有素养的职场人士正向、积极地面对职场中的人与事，包括情谊的建立与结束。

第一印象，根深蒂固

来踢馆的面试者

担任汇丰金融控股集团台湾区投资银行部门总经理时，是我第一次享有人事上的最终决策权，想到可以由自己选任部属很是兴奋，心里既忐忑又夹杂着些许傲慢。一开始由于管理经验不足，一次聘任过程中我做出的决策，影响了一位年轻人才的职业生涯发展，也间接损伤了自己的管理形象。

事情是这样的：当时银行需要新聘证券分析师，求职者众，不少人拥有欧美顶尖学府MBA的亮眼学历，但管理经验生嫩的我竟起了私心，我想以母校台湾大学的毕业生作为优先选择目标。其中，我看到一封合乎心意且条件不错的简历，很快就安排了面试。出乎意料的是，这位学弟竟穿了件Polo衫、牛仔裤以及运动鞋来面试。

我耐心地与他交谈，学弟的确聪明过人，我们的沟通算是顺畅。

面试结束，我送他到电梯口，忍不住问道："你到金融机构求职，为何没穿正装？"

他回答："每家银行都说要聘用有才华的人，结果所有的公司都只看外表，并不太在意求职者的才学资质。那些机构收不收留我，无所谓，反正我也不想去。久仰陈总有识人之能，我来看看您是否有突破用人框架的勇气。"

原来是来"踢馆"的，还要起激将法了，我一时有些尴尬，没响应他。招聘结束，团队内部讨论时，我分享了这段对话，赞许学弟的胆识。未料，同事们一面倒地不赞成录用此人，认为他轻佻傲慢、对求职没诚意、不尊重公司的期待，入职后将成为团队的负担。我当时觉得面子有些挂不住，所以坚持录用他，以为自己可以调教他的心态及形象。不幸的是，很快我就发现自己做了错误的决定。这位仁兄果真喜好挑战权威、不愿遵循规范、衣着常标新立异，与同事协同合作时出了许多状况，以致同事纷纷闪避与他的互动，给组织管理带来了很大的困扰。几次沟通未果，我只好出面请他离职。

这次事件是我未妥善利用并判别一个人"形象"的相关信

息，执着于自己的天真念头，所造成一次人事上的决策错误，使得公司、同人、求职者三方皆输。我以这个实际案例，想和大家分享："专业形象"是沟通的一环，第一印象尤其重要，绝不可以轻忽。

初见面的 30 秒决定你的第一印象

塑造自己的"形象"几乎是人与生俱来的本能。每个人在生命发展的不同阶段里，都持续不断地提升并超越过去，以塑造自己新的面貌。在人生的"舞台"上，每个人都是演员，随着外在环境的变化，调整自我形象，希望在自己的角色上，演出一场淋漓尽致、尽展其才的生命戏码。在家里当好儿女、在学校中当好学生、进入职场后建构自己的"专业形象"，都是理所当然的事。

作为职场人士，不断更新自我期望，努力完善个人的"专业形象"，是基本的职业道德。我们每个人都很在意自己的形象，会关注旁人对我们形象的评价。只要认为自己的专业形象符合环境、主管、部属、客户的期望值，就能自在地显露自信。

根据医学研究，**人与人互动中最初见面的 30 秒至关重要。在彼此眼神交会的那一"瞬间"，大脑会迅速地形成对方给你的"第一印象"，储存在大脑的数据库中**。你喜欢他，不喜欢他，或是有其他意见，在这一瞬间就能印象定型。而在这当中，**视觉观感的作用占了印象定型的七成**。如此一说，各位就能明白，为何在前面的案例中，我的同事们都不支持录取那位学弟的原因了。

很多人都有经验，在求职面试时，“印象”经常比学历、资历更重要，特别是“第一印象”。没有人有第二次机会给面试官留下“第一印象”。**所以，前往面试时一定要先打听欲求职企业或机构对仪容外表有什么样的预期，才不至于一开始就留下负面印象**。

人生第一套正装让我流下眼泪

我再跟大家分享一个故事，也跟我们给人的第一印象相关。这个让我在职场里第一次落下眼泪的故事，发生在我第一份工作满两个月时。某一天，主管把我叫进办公室，板着脸说我穿得太土气，被某客户取笑穿着不适合这高端的办公场所，她感到很没面子。我听到这话时，眼泪不禁簌簌滑落，我的失态让主管一时很尴尬，最后草草就结束了谈话。

其实，我那天穿的是母亲亲手做的两件式套装。母亲是裁缝，靠这份工作养活 8 个儿女，我从小就穿母亲裁制的衣服长大。为了庆祝我进入社会的第一份工作，母亲特意到布庄剪了块进口呢料，根据说明书上的样式，一针一线缝制了我生平第一套正装。现在回想起来，当时在主管面前的失态，也是觉得母亲的爱心受到了侮辱，另一方面想到花这么多钱，怎么可能换回这样的评价，对自己感到懊恼与不值。

过了几天，我与母亲谈起这件事，没想到她却笑着说："你的主管说得对，我不应该买粉红色格子布，正装应该是深色才对，是妈妈欠缺考虑。"

这下，我原本不服气的心思顿时豁然开朗，原来自己真是欠缺对职场服装的基础认识，原先自以为的委屈，其实是因为无知所造成的自我困扰。

这个经历说明了几件事。首先，自己抱持了幼稚的期待，穿新衣还像小女孩一样期盼被关注。其次，主管分享客户点评时，我的防备心过大，曲解了客户直白的回馈，模糊了对方的善意提醒，这其实是我内心自卑感的反射。我很感激有智识、永远正向的母亲，启发我**正视问题症结，并泰然自若地解决问题的能力**。

服装仪容是建立第一印象的关键

从前面两个故事的展开，我想谈谈职场人士对职场穿着应有的基础知识。前面提到，我们对人的第一印象，视觉的影响力高达七成，且初见面的30秒最是关键。也就是说，**服装仪容是建立第一印象的关键**，很难逃脱明眼人的审视。以下是我对于仪容与体态的几个提议，希望对职场人士建构外在形象有所帮助。

在职场上，无论男女，不管什么行业，每个人都有机会穿着正装。多数人都需要准备至少一套正装，也就是“西装”。西装是专业形象的基本装扮，也是国际场合普遍穿着的服装，专业职场穿着西装有两大原则：

追求得体与和谐。“得体”是穿着西装的首要礼节。每个人都应该依循职业与身份特性，挑选合适的西装样式。西装本身就是一套语言，无论是样式选择、色彩搭配、细节处理，都会传达穿着者的品位、个性、身份与地位，有时更被解读为个人性格的延伸。

服装要讲求视觉与穿着上的舒适，依照个人喜好、身形做不同的选择。年轻人可跟随流行款式，穿较贴身利落的款式。而年纪稍长者就须穿着裕如，以显大气。西装的肩线与背线是品级的象征，若是成衣不合身也要避免修改，因为一经改动，整件西装很容易就变了调性，还不如耐心寻找其他合适的品牌。

穿得对，再穿得好。西装需要配合外在环境的变化，依据场合打扮，以整洁、舒适与整体性为原则。

男性的西装应注意的细节，包括领子的高度、袖子的长度、领带的立体打法、衬衫领子避免压到喉结等，这些都要经常自我检查。除此，有个关键一定要牢记，就是西装外套最下面的扣子，永远不会扣上。坐下时，西装外套上的扣子可以解开，较为舒适，起立时，该扣的则要立刻扣起。另外，衬衫领子要高过西装外套的领子高度，衬衫袖子则要比外套袖子多露出一点儿，这些都是穿着西装的基本常识。

颜色方面，我认为第一套西装，以藏青、深铁灰或炭黑色为宜，较适合职场。样式尽量简洁、利落，避免发亮的线条，或是会闪亮的车线与纽扣等装饰品。衬衫的选择以白色、浅蓝色为主款，较适合黄种肤色。衣领式样，可以请教经验丰富的销售员，看看哪种款型的领子最能衬托你的脸与颈部。除此，领带是男士西装的重点，衬衫也要能衬托领带的色泽与图案。袜子的颜色需要注意，穿西装绝不可以搭配白色或浅色袜子，颜色最好与鞋子的颜色一样或是深色系。鞋子方面，尽量穿系鞋带的款式，这属于较传统的职场穿着，能给人利落的印象，没有鞋带的包鞋，则可能传达懒散的印象。

女士们西装的基本原理相同，上班时所着的裙装，要避免过短、过于透明紧身，或是胸口开得太低，引人不当联想。保守容易显现优雅，暴露则鼓励大家转移对你工作能力的关注，很不值得。女士宜穿着黑色或深色西装，还是要略施脂粉，避免素脸一张，又披头散发。

与其买名牌不如培养美学品味

有些商务场合如果明确要求服装规范（Dress Code），则一定要遵循请帖上的标示，避免对主人不敬。若真赶不上换装，可以先致电询问主人，是否合适前往，否则建议不出席。素养高的主人会对聚会的安排投注许多心意，宾客、主人、场合与聚会的主旨都是整体构思的一部分，客人受邀参加聚会，也是来点缀聚会，若穿着不能合于规范，就乱了整体规划，也等于是不尊重主人与其他的宾客。

刚踏入职场的朋友，我不建议花费大额金钱在置装上。一味追求名牌服饰，若装扮不当也是徒劳无功。尽量不穿品牌标识太过显眼的衣服，否则容易被解读为炫富，或是只能仰赖那些图案增添自己的外在价值。我建议探讨著名品牌的故事及设计理念，顺便培养美学品味。

仪容方面，一定要关注自身卫生，做到整洁利落。仪态方面，则要经常保持微笑、进出注意礼让、关注自己的音量表情。除此，与人握手时，手臂自然摆荡且握掌力度是否合宜等细节，都会展现一个人的礼仪素养，建议大家经常练习。

职场人士的“整体形象”，最好追求稳重素雅的仪容、简单利落的装扮，展现含蓄、优质的品位，比较容易给人以信任感。衣着与饰品能不亮就不要亮，能朴素就不要花，以免被解读为性格花哨轻浮。当然，也要关注健康与运动习惯，注意体态不宜过胖或是过瘦，维持自我的健康形象。大家可以经常思考：**我目前的“专业形象”如何？在建构专业形象上，我又面临什么样的障碍与期许呢？**如此，渐渐就会有所收获。

如何跳过『面试地雷』

每次转换工作时，求职的人总是希望自己的表现能比之前来得更稳健，务必找到更符合心中理想的工作。但是，求职面试的过程，往往让人紧张，即使认真准备，也难以保证在面试官前，从容完美地交流。更担心面试官出人意料的问题，让人无法妥善应对，事后对自己的表现懊恼不已。

那么该如何提高面试的通过率呢？我来谈谈“第一印象”对聘任决策的影响。好莱坞著名女星梅丽尔·斯特里普曾说，她在20多年前争取电影《金刚》女主角的试镜时，意大利籍的导演一眼看到她，便说：“你长这么丑，是谁找你来的？你不能演这出戏。”这是伤害力多大的话，尤其是对一位努力认真，刚出道的女演员！但是梅丽尔·斯特里普却在众目睽睽、极其尴尬的情境下，说了一段话，成为经典。

她深深吸了一口气，说：“我很遗憾听到你的评论，说我‘太丑’。但你的印象就只如同海浪里的一滴水，我会去寻求有温暖、有见地的大海浪。”意思是“我听到评价了，但我会去寻找能看到我真实素质及潜力的伯乐”。挫败感肯定是有的，但梅丽尔并没有因此而退缩，反而更加努力。时至今日，我们都知道，梅丽尔·斯特里普已获得三届奥斯卡金像奖，以及拥有 19 次提名入围的认可。

第一印象是人际建立的重要开端

我借这故事说明，职场上的面试，其实并不具备任何科学流程，即便是经验丰富而高明的面试官，也未必能保证从面试中一定可以为自己与组织找到理想的人才。为什么呢？因为**我们每一个人在人际关系的建立与经营上，都难免高度地被个人的“成见”所束缚**。那么，对一个人的“成见”，又是如何产生的呢？

“成见”，基本上是由对一个人的“第一印象”引出的，在每次互动过程中，逐渐积累或是调整，确认下来的观点。人与人之间，都相互存有成见，我们依靠这些印象的累积，形成对彼此的看法，也依循这些看法，作为处理彼此互动与进退应对的参考准则。

由此可见，“第一印象”对人际关系的影响力。许多行为科学的研究也曾就此进行探讨，普林斯顿大学曾针对两组学生做了一项试验。教授发给两组学生各几张演员的照片，要求第一组在 0.1 秒内，依照这些明星的吸引力、个人能力、是否讨人喜欢、个性积极与否及是否值得信任做出评价。第二组的功课也一样，唯一的差别是这一组交卷没有时间限制，可以慢慢看。

实验的结果很惊人。第一组学生顺利完成任务，在 0.1 秒的超短时间内完成问卷。换句话说，他们判断一个人只在刹那间就决定了。更让人意外的是，第二组统计结果与第一组相较，并无太大差异。原来多花时间答问卷的第二组成员，事实上也是很快做好决定，多耗费的时间主要是答卷人持续想从照片中，一再确认自己对被观察者所形成的“第一印象”。换句话说，答卷的时间长短并没有特别显著的价值。

面试是一种无法公正的比赛

这个测验证实了“第一印象”的重要性，也可以说明个人的“成见”其实很坚定，并且可能存在判断上的风险。多数人认同“人不可貌相”，中国人的古老智慧也早有“日久见人心”的明训。然而，矛盾的是，在一场短时间的面试里，聘雇人才的机构却需要仰赖面试官的识人经验、互动技巧，甚至直觉决定求职者是否合格。同时，这些机构也多少凭着运气，因为只有在求职者上班一段时间之后，才能确认面试当时的判断是否果真高明。观察这既具有风险，又有几分悬念，我认为只有“一切都是缘分”的说法，才能给予解释。也因此，我勉励求职不顺利的年轻朋友，不必过分在意一时面试的失败。即使进入心目中理想的机构，持续精进努力的功夫，依然不能缺少。

从我长年担任高管的经验来看，没有一位面试官愿意看错人，面试新人的人，总是希望为公司招聘到能为组织添增价值的干才。有时面试官很精准地聘任到各项条件都顶尖的干才，结果一段时间后发现，公司是小庙，容不下大和尚，这也是一种困扰。面试的成败关键，依然欠缺科学论证的标准，只能说**在职场上，比较幸运的聘雇关系，关键在于“合适”，未必是“最好”。职场人士能展现才干，就是“合适”，否则，就只能说高攀了**。

前面说的这个试验提供了几个延伸的结论。**第一，面试时能够与面试官眼神坚定交会的求职者，一般被认为比较能专注，自信心比较强。第二，表达清晰稳定、结构层次分明的人，被认为比较能干、有见识。第三，服装合身得体的人，给人以领导特质或发展潜力的印象**。正在求职或即将求职竞聘的朋友们，不妨将这三点建议记下来各自琢磨。

好的公司聘用新人，往往不止安排一场面试，这也是期待多面向地了解求职者在不同情境下的反应，以确保不会受到不同面试官第一印象的负面干扰。这样的过程虽然会多花一些时间与资源，但为了让公司争取到最合适的新人，这样的投资也是值得的。

我曾因为管理经验不足，错误聘任穿Polo衫来应试的求职者。那次有苦说不出的经历，让我感悟到要具备识人之能，实在不是件容易的事。管理者应当管控自己的好恶，单以符合职位所需的能力条件为考虑，使自己对求职者的认知接近事实，重视聘任决策对组织的长期影响。

如何降低用人的风险

在我开始有人事权后，发现自己的决定可能会影响别人职业生涯的发展时，心里其实还是感到如履薄冰的。固然想要树立威信，但万一自己看走了眼，给公司找了一个不合适的员工，后来还因无法继续合作而影响这个年轻人的命运，那是多大的责任啊！

那么，面试官应该留意哪些层面，才可以降低用人的风险呢？我说说自己的经验与具体建议：

（1）面试会议前，请各位主管整理一下心情，以具领导魅力的第一印象出现在求职者面前。这个心情准备至少有两个好处：能够保障个人与组织的形象；平和的心情比较能有客观的视角。主管们常常会在忙碌的日程中塞进紧张的面试，这其实会增加聘任决策的风险。合适的求职者有可能只是运气比较差，又正好碰到面试官匆匆忙忙走马观花，从而彼此错过合作的机缘，这是非常可惜的。

（2）面试官靠第一印象判断求职者，这很正常，无可厚非。但如果一看到求职者，心里就立刻闪过喜欢或不喜欢，就值得慎重了，建议还是严谨地遵循面试步骤，减少被第一印象“绑架”的风险。最好先看一下求职者的履历，万一事先没时间看，就应耐心地给对方说明的机会，从而了解求职者过去的经历，并适时提出问题，如此一来，面试官就可以初步判定求职者的能力与目前职缺所需的条件是否相合了。

（3）为了确保面试会议留下的喜恶印象不会干扰决策，我建议不管聘任与否，最终拍板的时点还是落在几天之后，这样可以让同事参与讨论，也让自己对求职者有一个冷静的考虑。

如何提高面试分数

对求职的朋友而言，在获得面试机会时，有三个行动方案可供建议：

（1）做足准备。了解求职公司的大致状况、关注最近的媒体报道，也可以侧面打听面试官的职衔或是大名，以降低面试的不确定性。

（2）准备两三个有价值的问题。有经验的面试官会给求职者提问时间，若是你没有好的提问，将是很大的扣分项。但是，提问时要避免卖弄高明，比如问公司最近的官司、媒体的负面评论，或是拿营收获利亏损大做文章。毕竟，你尚未入职，对公司的实际情况不宜随外界人云亦云、说三道四，还是专注在自己争取的职位与未来发展方面较为妥当。

（3）现在是网络时代，若你是个很紧张、胆怯见陌生人的职场菜鸟，我认为争取以电话或是视频会议当作跟求职公司的第一次接触，是可以考虑的方式。通过电话或视频，你可以更充分地准备自己的发言，或是想强调的雇用条件，这样到了面对面会谈时，也有机会提升面试官对你的印象。

至于沟通力的改善、着装的适当、商务礼节的关注，就是个人平常应该注意的素养了，相信大家都已经有了一定的理解与准备。

虽然说面试的通过与否，多少有机缘的成分在，但在各方面愈能充分准备，入选的机会就愈高。诚挚地祝福大家面试顺利，步入更坦顺的卓越之路！

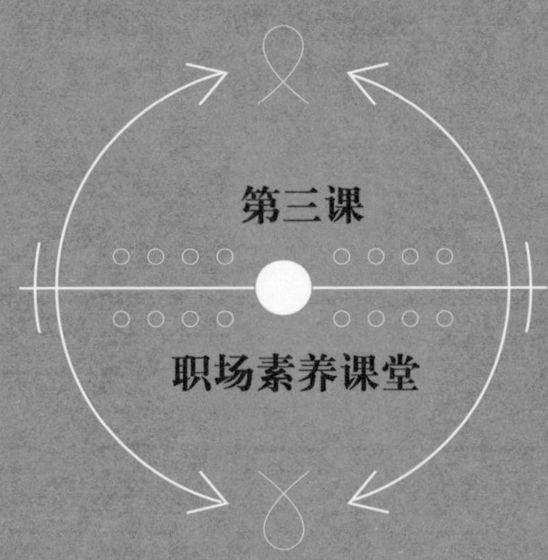

第三课

职场素养课堂

职场菜鸟的正向态度比学历重要

高学历候选人为什么没有被录取

每一年春夏之交的求职季，是应届毕业生压力最大、最煎熬的时期。无论毕业自名校或是普通院校，作为一名社会新鲜人，找工作时难免得失心很重。已经获得好工作的人，高兴一下后会转为低调，可能担心过分的张扬会影响还没落定新职的同学。还在犹豫选择或是还没确定工作的人，也不想让旁人知道自己的落寞不安。在这期间，有些平时的铁杆哥们儿或是闺密们，还可能突然为了争取某个中意的入职机会，彼此成了竞争对手，心绪起伏比往常都大得多。

锦文是一个成绩很好的学生，仪表出众，不常与同学互动。这样带几分傲气的年轻人，我见过不少，并不以为意。他曾向我提起，毕业后将以香港国际投资银行为入职目标，后来也听说他四处面试。有一天，锦文约我见面，神色凝重，以很受挫的口吻说，想要他的公司，他看不上；他认真争取的，却一家都不要他。关键是，他不知道自己哪里没准备好，或是犯了什么错，感到很苦恼。

原来锦文在几家投行的面试中，发现自己的英文不够好，有的面试官对他不友善，当面点评他的英文有中文腔。另外，也被批评过分强调自己的财经专业背景，对行业的理解有所偏差，顾虑他的潜质有限。锦文说，听到这些评价，心里很不服气，回话就越来越不理性，最终失去机会。说到这里，锦文竟然怪罪起自己学历不如海归派，批评面试官不专业，公司不重视求职者的兴趣与专长，等等。

求职者应该切记的五大要点

我听完他的抱怨，给了以下点评：

（1）**最重要的，是要理解面试的意义，以及面试时可能发生的情境**。每个人踏入职场时，都是一只菜鸟，与毕业于哪个学校关系不是太大。是否顺利取得理想中的工作机会，除了自身各项条件，还要尽量为面试做好功课。另外，也要对求职成功与否需要靠机遇这一不争的事实有成熟的认识。

面试，是公司的各层主管，期待透过简短的见面与互动，最大限度地了解求职者。这个过程，在绝大多数的公司并没有太多章法，无法科学性地评估其公平性，所以很多时候要仰赖面试官的个人经验以及判断。书本上的种种情境无法放之四海而皆准，用咱们的说法，求职者与面试官投缘的会占优势。

（2）**结果不理想，也要记得感谢**。不管什么原因，如果最终没拿到工作机会，既不需要自责太深，也不用怪罪对方，可能的确是机缘未到。虽然结果不好，还是记得要及时写封感谢函给面试官。若是心里真的无法平复，可以客气地在感谢函中询问这次不被录取的主要原因，也请对方点评改进之道。不要想着对方是否回信，哪怕在往后的职场上也要如此，做事先求自己尽量做到完美，结果如何是其次的事。况且，地球是圆的，说不定往后你跟面试官还会遇到。

（3）**肢体语言很关键**。求职者期望面试官和颜悦色地跟你说话，不算是很务实的心态。只要发挥一下同理心，就能明白其中的道理。一份好的工作肯定有不少人争取，面试官见了那么多没工作经验的菜鸟，应该身心都很疲累，哪能总记得微笑？主管的会议总是很多，若是刚刚开会遇到糟心的事，接着正好跟你面试，那更不可能对你微笑以对了。而且，许多人当上主管后，严肃的形象会自然形成。面试官没有理由针对一位求职者不友善，多想反而造成自己的困扰。把握好与人互动的基本原理，加强心理的准备，就能踏实很多，不会太过紧张。

其实，要记得微笑的是求职者，所以下次面试时，记得保持适度微笑，面试气氛一定会缓和顺利许多。

（4）**“擅长”与“兴趣”都需要实践经验加以证实**。刚入职场，你还没有“擅长”可言，不要着墨过多。说实话，公司给一位经验如同白纸的菜鸟工作机会，算是不小的投资，聘任你的主管还有看错人的风险，所以面试官必须再三谨慎。一般来说，公司看重的是你的态度与学习能力，并不是你立即能为公司带来什么价值。关于你第一份职位，建议先提出自己的想法，若对方有其他考虑，就说“任凭安排”。

如果你很想去这家公司，不妨先争取入职，工作一段时间之后，找出自己愿意深入的领域，开始按所学知识及技能，慢慢找到个人职场上的“擅长”与“兴趣”。毕竟，刚入职的两三年，你对公司的贡献不可能很大。如果抱着谦卑学习的态度，主管们都会看在眼里。第一份职位只是入门，对未来的事业发展有深远影响，却未必是最终个人成就之所在。

职场是做事的地方，分配做什么，就努力完成任务。在没有经验积累之前，就谈“擅长”，就不能怪罪被批评。同时，还要了解在职场的前几年，很难找到个人“兴趣”所在，要有心理准备。

“擅长”与“兴趣”都需要经由实践才能开发出来，从工作中获得感悟与喜悦，摸索出自己乐意持续精进的领域。就像你终于来到一个向往中的处所，若能保持好奇心，以正向态度逐步深入探索堂奥，一定可以体会其中的美景。就好像学校里有些必修课，很多内容让人感到困难乏味。但是很神奇，这些课听着听着，逐渐懂了的时候，你就会体察到它的巧妙与兴趣。这就是长进，在真正理解事理后，会得出不同的观点，到时再验证自己是否有兴趣，这是需要时间与内化过程的。那些取得大成就的钢琴家或小提琴家，很多也是在苦练中逐渐体会到乐趣，进而展示出自己的才华的，运动员也是在掌握自己身体运作巧门的极限后，才创造奇迹的，这些原理都是相通的。

所以我常建议职场菜鸟们，第一份工作以选公司为先，并且做满两年，再考虑去留问题。

（5）**"学历"是雇主评估候选人学习能力的参考指标**。面试官不可能相信此刻的你，已通透懂得应用你所修课程的内容。一位求职者在校的好成绩，只是表示他有过相关知识的涉猎。即使毕业于最顶尖的学府，心态上还是要归零，踏实地开启职场生涯。

所以，最后我笑着跟锦文说："若是你被录取，主要还是仰赖学校的光环，而那光环是由历届学长学姐的职场成绩堆砌而成的。你将自己的本事好好表现在工作上，继续为你的母校交一份更好的职场成绩。"

改变心态就能有好的发展

不久之后，锦文告诉我某国际投行给了他工作机会，工作地点是新加坡，不是自己最想去的香港，被分配的部门也不是第一志愿。我问他，是不是要再等一等？锦文回答说："谢谢老师关心，我想及早踏入心目中的'公园'，在每一个'景点'认真品味，一定会有机会找到适合自己的岗位，也能一窥这家机构的堂奥。我在香港已经有很多同学与朋友，我会在新加坡好好发挥，将来与大家分享此地的风土民情。我已经决定把这里当作自己的职业发迹地，请老师给我祝福！"

就这样，他去了新加坡。

两年后，一次餐叙中再见到他，果然气派恢宏，自信心增强很多。

我问他："这次年终绩效评估了吧？分享几个主管对你的点评吧！"

锦文回答说："报告老师，主管说我认真投入、愿意多做工作、进步显著，值得进一步栽培！"

很不错，他把我的话听进去了，真是让我感到很欣慰！

肢体语言与个人教养、素养及生活经验相关。合适得体的肢体语言，能展现一个人的内涵、心性以及美学水平。神态自若的表现能给人舒服亲切的印象，再加上良好的着装及语言驾驭能力，形成内外合一的整体素养，能做到这样的职场人士，更容易成为同人的典范、办公室的中心。善用肢体语言的人，面对他人显得更加从容，能更有效率地表达自己，从而有较高的机会获得他人的信任，走向卓越。

你看过自己吃饭的样子吗？

年轻人较少注意自己在他人眼中的印象，有时还会纳闷儿某些人为何用异样的眼光看待自己？针对这个困惑，我常建议大家从关注自己吃饭的样子开始。找机会一个人对着镜子吃饭，看看自己用餐时的样子。我有一位博士生叫忠信，是位即知即行的年轻人，听到我的建议后当天回宿舍，便对着镜子吃饭，看着看着，他惊讶地发现，原来自己吃饭的样子较随便、不端正甚至还很丑，没照镜子还真不容易注意到。

忠信记起初次跟女友回家见家长（为什么女友之前从来没有提起忠信吃相不好看呢？），一块儿吃饭。女友的父亲饭后与他喝茶时，对他说："忠信，你从小吃饭就这个模样吗？要做些改变，才不会让人说教养不好。"忠信听了很诧异，想着伯父怎么批评起我的家教？心里很受伤，还跟女友闹别扭，认为伯父言语苛刻。直到这次在镜子前仔细观察自己吃饭的样子，才明白原来自己的举止表现让旁人很难受，伯父是爱之深责之切呢！回到老家后，忠信跟爸妈分享了这次经历，并说："爸妈，我们买张饭桌吧，以后就在饭桌上好好吃饭，不再端着大碗走来走去，这样彼此也能好好说话。"

我还点评过几位学生"拿筷子"的方式。筷子是中国人的发明，是人类历史上最伟大的发明之一。作为中国人，应当拿好筷子。拿筷子的方式主要是从小受家人影响。只要仔细观察，我们能从一个人拿碗筷的方式看出其家教素养。学校里不讲究学生拿碗筷的方式，也不会点评学生吃饭的样子，特别是对学习好的人，很少会说哪些举止不合适，因此就可能失去改进的机会。

良好的肢体语言让人如沐春风

职场上，肢体语言对职场人士的重要性不容小看。从一个人的举止风范、肢体语言能看出他的沟通风格。好的风格，让人如沐春风，有助于人际间的信任。有经验的主管在看完一份书面报告之后，通常会在做决策前希望见见写报告的人。这是因为职场上的决策若只接收文字的表达，是有风险的。开会见面可以较全面地了解汇报人想要传递的信息，继而拉近彼此认知，确保沟通无误，提升决策的准确度。

中国人讲“见面三分情”，便是经由面对面的互动来拉近彼此的整体感知，以让我们除了语言之外，还有肢体语言来协助判读信息的本意。我们开会的过程，除了报告、讨论，还有大量信息在人与人之间交流，我们对一个人的印象，也经常是在这些场合中形成的。所以，正向积极的职场人士要争取参加会议的机会，因为从参与会议的观察经验中，可以练就世故人情，提升个人整体沟通素养。

握手和微笑是赢得好印象的第一步

办公室里的礼节很多，握手和微笑这两个重要的肢体表达必须训练好。

握手，是职场人际关系里最亲近且必要的肢体语言。握手，是问候、是相识第一次的肢体接触，是道别，有时则是竞争开启前的相互礼敬。这来自西方世界的握手礼节，很容易透露当事人的风格及深层心理，绝不仅是表面上的肢体接触。事实上，握手要握得好，并非易事。

首先，要专注。漫不经心的握手，不能感动人，反而很容易给人留下不专心或是轻率的印象。握手之前心里要做好准备，展示出向对方问好或是道别的祝福心意。

其次，握手时身体要直，尽量以身体正面向着对方，手肘自然伸出。多练习几次，可以比较准确地目测出合适的距离。

最后，手的力度要适中，对方才能感受到亲切。女士们不要过度用力，避免对方误解。当然，男士们千万别一看到美女，就握住人家的手不放。

握手可以培养认知人际的能力，可以锻炼从容与亲和的印象。大家可以彼此或与亲友一起练习。

另一个重要的肢体语言是**微笑**。中国人受传统文化与社会习惯的影响，从小拼命锻炼喜怒不形于色，大人总不鼓励我们露齿微笑，因此多数人不知不觉地以为不轻易对陌生人微笑是庄重谨慎的表现。久而久之，便忘记了微笑，没把微笑作为习惯性的肢体语言，导致亲和力不足。

这是很遗憾的事情。比如在国际论坛的场合，我们见到相互熟识的人可以大声谈笑，可是一见到外国人便立马收起笑容，让人不知我们到底在想什么。当彼此还在陌生阶段需互相了解时，我们无法期望旁人能一下子看到我们内心真实的热忱或友善。一个面无表情、把人吓到的人，又如何能建立互相信任的友善关系呢？

不懂微笑让我吃足苦头

微笑是强化人际互动的工具之一。不爱笑、不常笑，跟人相处、传情达意的能力会大打折扣。年轻时，我也不习惯笑脸迎人。但在办公室里，严肃的表情，很快让我吃足了苦头。在当时女性高管出头机会特别难得的职场环境下，我曾一直抱持一个误解，以为任何时候都要表现得端庄又强悍，才不会被误以为不够干练。我在华人环境里没发现这个问题，但在国际机构里就屡屡碰壁。37 岁时我从台湾转战到香港的国际投行工作，来到这世界级的金融殿堂，我很快发现自己的专业知识及技能不够用，在慌张忙乱的同时，更想完善自己。于是，选择了以严肃寡言的外表，遮掩自己心中欠缺的自信心。

刚到任不久，银行给了我两个月的“温书期”，让我准备几项国际金融监理所需的证照考试，望着数千页的英文讲义，心中忐忑。每晚回到家，我就温习备考。好在我是法律专业出身，且职场工作都使用英文，所以备考较为轻松。跟我一起报考的年轻同事，会考竟然都没能过关，反而我年纪最长，却以高分通过，这个结果让机构里的同事开始对我另眼相看。大老板为了祝贺同人通过会考，办了场餐会。

入席前，大家边用饮料边聊天，一位外籍主管笑着对我说："Felice, you should smile more."（芬，你应该多笑笑。）听到这句话，我感到意外，心想："要与你们这些男人竞争，我还是小心点好，经常面露微笑，哪天管不住你们了，岂不自找麻烦？"

心里虽然这么想，却也开始琢磨同事这句点评的道理，我该如何做才不会再收到这样不算正面的评价呢？的确，我在压力大、情绪低落时，不知如何快速舒缓心情，同事的话很有道理，我的严肃表情也有可能影响了办公室里的其他同事，这样当主管是不对的。

利用隐形的筷子调整心情

有了这层认识，我之后就经常提醒自己要面露微笑，结果真的感觉不错！无奈的是，一旦工作高压期太长，我还是难免眉头不展。为了经常保持微笑，我随身携带了一根"隐形的筷子"，经常想象自己是能干的女孙悟空，有一根美丽透亮的水晶筷子在身上，需要时拿出来使用。

据医学证明，当我们微笑时，面部神经会带动大脑，使某些与满足感及快乐相关的神经产生正向作用，进而激发愉悦心情。实验证明，展露笑颜不只让自己看起来和善，大脑还会产生某种化学物质，牵动正向思维的神经，改善心情。医院为面部神经受伤的患者设置康复训练，以及对于失去微笑肌肉的病人进行的“咬合”练习，最简便的方法就是咬一支筷子。而且，这也是练习微笑的最好方法。我用“隐形的筷子”作为对自己的提醒，只要一觉察到有一阵子忘记微笑，就立刻想象自己是优雅的悟空行者，从耳朵里拔出水晶筷子，用嘴咬住。此时，心境的转换立即让人从心底闪过愉悦的念头，从而由衷地微笑。

优雅的体态需要经过无数的锻炼，久而久之也会增强自信心。所以，多费心关注自己的举止，一定会有很好的收获。

你是在自言自语，还是在沟通

什么才是“好的沟通”

沟通是人与人之间意识的流通，虽然每天都在进行，但要做得好并不容易，因为沟通不良所造成的摩擦或是冲突，天天、处处可见。职场里，我们与他人的沟通是否顺畅、感觉是否愉快，直接影响我们在工作上的表现与成果。我们的人际关系，也要仰赖好的沟通技巧才能得以维系。

一个人必须具备**强大的思考能力**和清晰的**表达逻辑**，才能驾驭语言，精准地表达自己。大家都喜欢“言之有物”的人，所谓“言之有物”，并不是指说话人夸夸其谈，而是指一个人能以清晰易懂的方式传达自己的丰富见解，同时还要使听者能理解说话人想要传达的内容。说的人说得清楚，讲得明白，听的人听得懂没误解，如此才算完成了一个有效率的“沟通”。

简单地说，“好的沟通”包含双方经过表达、倾听、观察、解读、准确分析信息并及时回馈意见。也就是说，“沟通”是双方“动态传递与接收信息”的过程。一个铜板打不响，沟通不顺畅或是误会，绝不是单方面造成的。沟通的双方要共同承担沟通结果及质量是否优良的责任。只有通过良性的互动，双方才能争取达成原定的沟通成果。

我在职场上经历过的沟通挑战或困扰，多数与内部的同事和主管相关，很大的原因来自与内部人说话时，由于彼此较熟识，心神容易松散，有时会不自觉地跳脱逻辑讲话，忽略沟通的完整流程。这一疏忽，忘了及时回馈，就可能大大削减沟通的效果。在与外部人（例如客户）沟通时，由于警觉度提高，沟通时反而会更关注自己表达的完整性。

职场上最常见的沟通困扰

记得刚入职场时，最常发生的沟通困扰，就是发现主管有了新想法，我心里纳闷儿：“先前根本没说过要这样安排啊！”结果主管点评：**“没有事情是主管没说的，只有你没问的。”**

譬如，负责联系一个商务餐会，客户方有三人参加，但公司除了主管，会不会有其他同事同往，这应该是主管告诉你还是由你主动发问？主管事务繁忙，当然是你应该设想，并且提问确认。

后来做了几年事，有了些经验，开始懂得把意见与主管再核实一下。偶尔有些疏忽，主管点评：**“没有事情是主管听错或理解错的，只有你没说清楚的。”**

譬如，负责完成一件招标说明书，其中有些法规风险，需要内部先行确认。结果，主管给客户汇报时，才惊觉自己忘记和公司法务同人先确认。你说这是谁的责任？是主管忘了提醒你，还是你认为主管能顶住客户的提问，不关你的事？

跟主管有不错的默契了，以为自己可以掌握主管对事情发展风向的判断。结果主管说：**“没有事情是你可以自己以为的，只有你忘记确认的。”**

情境是主管对某一家客户的态度不友善，说过不想与他们做生意，于是你就不再跟进了解这家客户的商机潜力。有一天，主管听说这家客户被竞争对手抢到大订单，你却说：“我以为我们不跟他做生意呢！”你说谁对呢？是你自己推论主管的一句闲话，还是你没把一家大的潜力客户在市场的活动信息及时提供给主管，以便调整更好的商业决策呢？即使你有一定的把握，多问一句总无妨，对吧？

即便认为主管不会调整意见，但在已知市场有重要资讯改变的时候，应该向主管汇报。

掌握沟通原则，走完沟通流程

透过这几个例子，大家应当明白作为部属与主管沟通，不是件容易的事。**这些情境都是职场经常发生的，其原因主要是我们与对方相对熟悉，让我们很容易忽略或是简化了“沟通”的细致步骤**。所以，要尽量依照“沟通”的完整流程走，才可以**减少各说各话、各做各的、糊涂错听、误解不休，甚至心口不一的诸般情境**。

由此得到几个职场上沟通的原则：

（1）**我们要学会通过反复校准，确保信息的真实意义能够精准传达**。说的人不仅要说清楚，还要询问对方是不是听得清楚。听的人不仅要仔细听，也要确认自己听的与说的人的本意是否相同。这道程序不能省，也不要担心对方嫌你麻烦。

（2）**公事上，在还没认知事情全貌之前，不要随便推论臆测，或是过早下判断，避免误己、误人、误公事！**这是初入职场的人士容易犯的毛病。在查证一件事情的过程中，不要随便听到某人的说话就当作是自己的判断。心中只要出现疑问，就应该反复查证，或者向主管提出疑点。部属的工作是帮助主管做出最好的决策，不是误导主管的判断，就算没有恶意，也要谨慎。

（3）**向主管报告或与同事讨论时，最好专注在描述自己**

所知的事实上。即使对特定内容有自己的观点，也建议等到主管问起任务相关信息时，再阐述个人观点，避免任性发挥议题外的个人意见。我刚入职场时，曾因急于表现，把查知的事实与自己的论点搅和在一起，汇报给主管与同人，在沟通中也未清楚说明，以致团队信息传递时造成混乱。正确的做法，是**把“已知事实”与“个人意见”分开表述，才能清晰论理，供主管参考以做出优质判断**。

举个例子，主管听说办公室里有同事争论，问你发生什么事。此时，你的主要任务是描述事情发生的经过，不要轻易乱下评论，因为你不是当事人，不容易从表面的情境中，探查当事人沟通问题的症结是什么。沟通中错的机会实在太多，当事人就是因为双方搞不清楚才会起争执，局外人若真想帮助厘清，得先花点时间让大家冷静下来，然后好好循着沟通的流程走一遭。等到事情都清楚，或许大家的气也就消了！你作为旁观者，须注意不要添乱，不然很容易成为办公室里的“是非人”，那就违背初衷了。

“关系角度”与“内容角度”会影响沟通结果

所有沟通时传递的信息都蕴含说话人的**“关系角度”**与**“内容角度”**。沟通双方彼此之间的关系，会影响沟通的结果与成效，这就是沟通流程中定调“关系角度”的重要性。而每个人因背景、习惯不同，对个别人或事物也会有既定的“内容角度”。我来分享一则小故事，以增强大家对**“关系角度”**影响**“内容角度”**的印象。

我小时候家里状况不好，和两个妹妹念小学时，因买不起学校指定的塑料书包，于是做裁缝的母亲用客人不用的剩余布料为我们做书包。由于和学校规定的款式不同，我们上学时担心受老师责备和同学耻笑，备感压力。母亲很快便发现异状，为此亲自到学校向校长解释，请求特别宽容，允许我们用自家的书包。我对母亲的作为感到忐忑不安，生怕姊妹三人在学校遭受欺凌。所幸，校长与老师们沟通后，在升旗典礼上宣布我们三个清贫学生，可以使用母亲的爱心书包，并规定同学不可私下评论。从此，我们才放心去上学。

纪念小学毕业40年的同学会上，有位同学提起这事，说她好羡慕我在当时那么严格的校规下，背着特别款式、上面有漂亮蝴蝶结的书包。言下之意，这位同学当时的认知是，我家必是非富即贵，才能获此礼遇。而实际情况正好相反，我们当时连学校的书包都买不起！

这个故事提醒了我，面对同一问题，真相是什么？眼见的又是什么？尚未探究出事情的本质前，认知可能与现实相距甚远。其实，我根本不愿谈起书包这段往事，那位同学却用她的想象力为这事增添了浪漫色彩。但办公室里的认知差异，可能就不会这么幸运了。办公室里许多让自己感到委屈的情境，说穿了大都是由于“认知差异”带来的沟通不畅所致。

不同的“关系角度”左右沟通的“内容角度”，会影响沟通结果。直白地说，你用什么身份说话，对方用什么身份听取，直接影响双方沟通的效果。毕竟，双方表达意见时，每个人都是以自己的“身份立场”决定“说话的出发点”。

同一件事，从老师嘴里，或从男女朋友嘴里讲出来，听的人的态度可能就大不同。老师讲，你或许能平心静气；但听男女朋友讲，反应就会比较强烈。这是基于“关系角度”的作用，因为在师生关系里，彼此有较多的包容与尊重，男女朋友间则有一股暗中较劲的倾向，大小事双方都想争上风。先生跟太太说话会擦枪走火，孩子跟父母会顶嘴，也是同一原理。关系亲近，默契自然好，但一旦彼此忽略了沟通的“完整流程”，导致沟通不畅，负面反应就很容易被放大。

沟通过程中要随时注意调整角度

我们在表达时习惯从自己的“内容角度”出发，问题是，绝大多数人由于沟通习惯不同，以至于经常在互动时与对方选取的“内容角度”不同。若不经由回馈加以调整，话说得越多，双方的距离可能越远，越觉得与对方有“鸡同鸭讲”的感觉。因此，沟通中一旦发现对方脱轨，最好耐心地微调自己的表达方式，再试着校准，努力缩小认知上的差异。

沟通产生误解后，如果双方愿意平心静气地修补关系，那么，在说明自己沟通中的误会时，可能会说：“喔，我以为……

所以误会了（或是反应过度）。”**这“我以为”其实正是误导自己，导致双方认知产生歧异的主因**。若能在最后多补充一句：“下次我们这样做好不好？”便可以增强双方信任，补救彼此关系。

你可能发现有些人老喜欢“翻旧账”。其实，这是因为**前几回沟通上的歧见还没消除，不顺畅的心结让对方在心理上依然处于对峙状态，导致“旧账”始终浮现于脑海**。这是人际关系里常见的矛盾，在工作关系中应该特别谨慎。尤其对敏感的话题，沟通时对信息的交换，更该给予更多的耐心加以确认，否则最终双方都要付出很大的代价。要知道，有缘分当同事，同在一个公司共事和成长，是件难得的事，那些存心恶意曲解你的人也是极少数的。作为职场人士，只要你愿意将心态调整好，沟通上的误解都能消除，人际关系也会因此而保持友善愉快的状态。这样在职场上与人互动也能畅通少阻，减少负面情绪，以专注发挥自己的才能。

练习自我介绍的重要性

在面试新人与高管时，我有一道必考题：**“请说说你自己？”**

听起来很容易，事实上是一道难以驾驭的提问。回答的关键在于“你究竟认识自己多少”，换成求职者的角度，则是“我想告诉面试官我的哪些事”。

这对职场人士的发展相当关键，也是我教授职场素养课程核心中强调的**“自我领导力”**的基础。毕竟，唯有对自己有深刻的了解，才能更高效地储备职场上所需的全部素养。

有人认为，“领导力”侧重在“管理他人”上。然而，我从职业生涯中体悟到的是**“领导力”必须从领导自己开始。也就是说，一个人在管理他人之前，必须先具备良善、积极的自我领导力。一个人若不能领导自己，便无法成功领导他人。而要领导自己，就得好好认识自己，否则如何领导？**

按理说，自己应该是对“我”认识最多的人。但面试时，由于心里忙着猜测面试官究竟想听什么，以及该如何拿捏想说的跟所应聘工作之间的关联，这么一纠结，可能回答就不到位了。**想介绍好自己，就要经常关切自己到底是何种状态的人，长期缺乏勇气去看清自己，或是愿意看清自己，但还看得不够清晰，需要加强方能在面试时将最好的一面展示出来**。求职者一面想强调自己的优点与强项，却又担心被理解为吹牛，而坦白弱点和短处，又害怕面试官因此认为不胜任。

有经验的面试官可以透过这道看似简单的问题，很快知道你对自己认识的深浅，以及自我掌控的程度。简单地说，多数具备潜质的干才通常对自己有高度觉知与认知。相对的，平常对自己都不太关注的人，面试时不仅答不好，未来是否在工作上能专注深入，恐怕也是面试官会考虑的因素。

你可以自己做练习，以三分钟为限，说一说自己的简历、成长里程碑、精彩启发的故事、强弱项以及有什么专长、兴趣与梦想，要求能让人印象深刻。如果练习熟练了，那么继续练习用一分钟好好介绍自己。

从“请说说你自己”这个面试题中，初相识的对方就可以知道：

（1）你认识自我的程度及自我觉知度；

（2）你的常识、知识的广度与深度；

（3）你是否具备高效的沟通力；

（4）你的自我价值观是否足够清晰。

你知道自己的长宽高吗？

我刚入职场不久，有次与一位主管闲聊。她问我：“听说你在学校时是体操选手，那么你走路时，前脚跟与后脚前缘的距离是多少？”坦白说，这个问题让我当场呆住，不知如何反应。我在初中时期入选体操队，专攻平衡木，一直以来，最多只知道自己能在平台上空翻几圈，却不清楚自己寻常步伐的距离。后来我与这位英国主管较为熟识时，我请教她当时提问的想法，她说：“如果连自己的长、宽、高都不知道，刚踏入职场要学的又那么多，心里会不会没有底气，感到很空乏？”主管接着说，保持对自己的关注，也自然包括对自己的肢体语言、健康状况的关注。

主管的提点很有说服力，她在精神、风采上的优秀表现，原来是通过关注自己时刻的状态才做到的。

我常鼓励年轻朋友问问自己，知道自己的袖长、手长、腿长、颈围、鞋码吗？关注过自己住的地方有多大？住处附近有什么特色？总之，**先关注自己，才能细致地理解别人。爱自己，懂得被爱的感动，才能同样去好好爱人**。

诺贝尔文学奖得主莫言说过：“有一天‘我’字丢了一撇，成了‘找’字，为找回那一撇，我问了很多人，那一撇代表什么？”想想你对自己的认识，是不是还在“找”呢？

回到“说说你自己”这道面试题，我提供几个行动方案，以便大家回答时作为参考。

首先列出自己生命历程中几个重要的里程碑，标示出每段时期的主要经历，以及这些经历对你的启发或意义。先练习说给自己听，看是否能留下深刻印象。对着镜子练习是检验成果很好的方法，同时仔细端详自己的表情、语调，也可以把练习时的声音录下来，反复聆听自己的表达，不满意就调整，来回多练几次，就会有点样子了。面试时一定要诚挚真实地应答，尽可能避免浮夸或不实。毕竟，能感动自己，才可以感动别人。

自我领导力是安身立命的基础

认识自己，才可以真正理解“自我领导力”的内涵。“自我领导力”是从“我”领导“我”开始的，要能放开胸怀接纳“我”的点滴。

人生的起伏成败，其实都是自己的事，职场的顺与逆，也主要是回归到自身的问题。对工作的抱怨、对生活的不满，偶尔说说无妨。然而，鼓起勇气愿意面对自己待人处事的做法与响应，认真反省有哪些不足与有待改进才是真正令人精进的原因。唯有如此，才不会老是拿环境、体制，或是身边的人当理由借口，掩饰自己不够努力的事实。坦荡接纳，心中的干扰会减少，人自然就自在，也能维持精进向上的动能。

“自我领导力”可以理解为是一个人安身立命的基础素养，在职场，在生活上，都是同一道理。落实“自我领导力”，就是请大家把自己当成一个对象，通过鼓舞、提议、安慰或是指导，以正向态度，领导自己，改变自己，让自己成为更好的自己。

当一个人被赋予权势时，往往会较真实地呈现出自己的“品”与“格”。具备好的品格的人，无论在各行各业，职位或高或低，都有展现领导力的机会。说到底，**有德行的人，才是真正能领导自己的人**。这样的人，若有机会领导部属，带领一个组织，就算没学过管理课程，也能以身作则地领导他人，走在职场的卓越之路上。

“我”是很奇妙的。我们有时对自己也会有陌生感，这很正常。心理学认为，“我”是意识的产物，也就是说，凡是有意识的人，就会赋予自己对特质的定义。人在日复一日的学习经验中成长，成长的过程不断丰富自我意识，从而持续增添对“我”的意义……而“我”，随着成长中的领悟心得，会感觉自己变得有独特性，与他人有所区别。

由意识塑造出的“我”，心理学上称之为“小我”。“小我”会告诉我们哪些事情该做或者不该做，这是个人行为很重要的驱动力与指导方针。“小我”常常很有建设性，可以在你偷懒时，正向积极地鼓舞你要勤快精进。但是“小我”也很能激发负面的心绪，操弄你导致自欺、妒忌、乱发脾气，甚至激发你参与人际纷争，变成趋炎附势、嫌贫爱富的人。“小我”的本事很大，我们通常说的“纠结”，应该就是“我”与“小我”纠缠搏斗的过程吧！

所以，要认清“小我”，对它的驱策与激发有所理解并理智面对，才不至于让真心蒙尘。有些人称这样的自觉管理是“修为”或是“修行”，我对“小我”的正向理解，则是**单纯愿意领导自己，成为“更好的自己”**。

认识自己从“爱自己”开始

这里可以下个小结论。**所谓“我”认识“我”，是指我能认知到眼下的“存在事实”，我知道我的“现状条件”，并且我能清楚未来的“前景挑战”**。你若对于自己当下的处境不太了解，很可能是欠缺对自己的关注，最好加紧自我探索。只要有意愿提升自我觉知力，深入了解自己的状况，自然能够清晰地勾勒出自己的生命面貌以及希望建构的价值观，从而找到努力提升的方向。

认识自己可以从“爱自己”开始。能爱“我”，才能爱别

人。所以，你要学会爱自己的健康、爱自己优秀的品格、爱自己能上进。爱自己，要常常问自己，我现在这样够不够好？结交益友，也有助于自己增长见识。

我看过一句很有智慧的话："爱的方式，不是靠近，而是保持适当的距离。"此话勉励每个人适时跳出自己的角色，用旁观者的视角看看自己，试着给自己正向的建议以帮助自己。佛学里面有"对境"的方法，把自己当成一个对象，经常客观地察觉，诚挚地提供好的意见，把自己领导好。通过独处及思辨，认真领导自我，珍惜自己，可逐渐体会爱自己、爱他人的要领。

作为职场人士，踏入职场，就是踏进一扇学习之门。门里有无穷无尽的新知识与新经验等你挖掘，在这条精进的卓越之路上，顺逆悲喜，完全掌握在"我"的手上。职场人士想要在职场成就，获得左右逢源的愉悦，只能靠自己努力，储备好必要的职场素养，才能在经常事与愿违、心绪起伏的现实中，快速安顿自己的心神，不断发挥才干。这一切的一切，都是从"我"开始，"我"必须领导好自己，向卓越之路踏实迈进！

职场人士在工作忙碌时，特别希望能享受片刻独处的时光。稍微喘息，放松一会儿，能更加专注于思考复杂的任务。利用独处时刻舒缓身心，重新调整工作步调、专注完善任务，对每个人来说都很重要。

安静与独处对职场人士来说很重要，那么一个人独处的时候，都做些什么呢?

终生受用的教训:“君子慎独”

我第一次被“君子慎独”这四个字的真实含义震慑住，是在我工作后的第三年。当时，我在律师事务所担任法务助理，办公室里几乎是清一色的男性，女性寥寥无几，刚毕业不久的我不是太懂事，休息时间常常跟着男同事起哄，因为女同事人数少，还把自己当成了办公室里的特权分子。

不久，事务所来了一位女律师，她是耶鲁大学的法学博士，在美国当过法官，看起来神采精干、气度不凡。初次见面，我立时觉得她像灯塔一般，很快成了她的粉丝，把她当作职场上的女性典范。一日，她在办公室绕了一圈，找了几个女助理进会议室，我也被点名，一群咋咋呼呼的年轻女孩，很兴奋，以为可能要跟王律师办大案了。结果，等我们进屋关好门，她静了静，开口就很严肃地说：**“请你们简要描述一下，在卫生间里丢纸张，接着洗手到离开前的过程。”**这是什么提问？要我们描述在厕所里做些什么？我吓坏了。读到这里，读者朋友，请问，你是否想过，在陌生的地方，没有人认识你，你会做些什么？在没人看得到你的时候，你会做些什么？

原来，王律师发现事务所里的女同事虽然资质上乘，具备更上一层楼的潜力，然而有些人自觉力薄弱，在没人监督时，呈现了另一种面貌。从女厕所里的脏乱，就能给她的质疑提供佐证：个人私下的卫生习惯与外在形象大相径庭。几个女生听到这话，头都低了下来。王律师告诫我们，学习成绩优异的人往往以为自己受人肯定、受人赞誉是理所当然的，然而，事实并非如此。**在专业领域里，所有的信任与尊重都必须来自时时刻刻的“自重”。她提到，“自重”的根本是时时刻刻的自律，关注并约束自己言行举止的质量**。

王律师提醒我们，一个人独处时的作为最能真实反映他的真实面貌。认识自己并维持一致性，才能产生实质的自信心。“自重”是理解“慎独”真实意义的第一步，是在职场有所成就的重要素质，必须在年轻时就认识到这一点并养成习惯。接着，王律师分享了她在美国种族歧视严重的环境里能胜出的关键素质，就是“自重”，总是一丝不苟、严谨地践行各项素养，她将之称为“君子之所当为”。

随时随地有觉知地管住自己

这次经历令我相当震撼，除了心生仰慕，也更加理解了**杰出人士的成功绝非偶然。同时，也反省到自持自重的优异品格，原来是在独处时自我练就成的。若在没人看管时也能维持高的素养水平，一旦有机会在万众瞩目的镁光灯下露脸，整体素养必然更为光辉耀目**。我有幸从年轻时，就跟着师长锻炼“独处的能力”，时时刻刻提升自己的觉知力。因为有纪律地**经常安静且客观看待自我言行举止，慢慢增益了智慧与对人事的认知深度，进而能更高效地处理各类心绪上的波动**。

现代职场竞争激烈，社会各层面急速发展，人们难免浮躁，如果顺着人性的本能，很容易受物欲的诱惑而被其支配。

经常能看到贪婪、物欲、不负责任或是心口不一的人。我们要谨慎，不要让自己也成为他人眼中的负面范例。

有觉知的人明白此中风险，所以他们探究深层心理，以各种方式追求心境的平和，譬如阅读、赏乐、运动、瑜伽、冥想、宗教，等等。在中国传统文化的经典里，这类处理心绪的智慧方法随手可得，并且更适合我们中国人的习性根基而无须外求。比如，《礼记·中庸》里教导我们："君子慎独。"君子在独处时更需要小心谨慎，观察自己的作为，认识自己的不同面貌。君子之所以能获得成就，是因为能自我省察，自我监督，有严谨的纪律，以及高度的自我觉知。尽管在旁人看不到的时刻，难免有不好的表现，甚至可能出现黑暗的一面，这都很正常，但一定要明白此事的不良影响进而领导好自己。

这也是儒家经典《大学》在2500多年前提出的，知识分子都应学习的"知止"的智能。读书人不应漫无目的地随波逐流，以致耗尽光阴，一事无成。**若不想轻率地度过一生，就要自主地"知止"，把握生命的方向。个人独处时所培养的自律自重，正是"知止"的实践，也是所有自我纪律的源头。一个人能有觉知地管住自己，就是"知止"，也是抛离率性与任性的方略。**

善用独处放松自己

在独处的时光里，我认识了自己多层次的面貌，对自己在特定情境下的反应，有了进一层的体会。在忙碌的行程中，我总是尽可能腾出几分钟的时间陪伴自己的心，暂时抛开纷乱的思绪，放松紧绷的神经，在镜子前好好端详自己，再轻轻闭眼静默。整理好心绪，睁开眼时，就能看到自己回神后的炯炯目光，精神焕发有如充满电一般，这时再提起脚步推进工作。

如果午间没有商务应酬，我经常独自吃饭，欣赏餐厅里人们的不同步调，观望窗外的云彩变动，享受独处时光。出差时在机舱里的时间最为珍贵，阅读一本随身携带的书本杂志，听听平时来不及关注的新上榜音乐，看看电影，或是盘腿静坐，甚至发呆，这些都是我排减压力的方法。我喜欢接近大自然，喜欢在假日与家人相处，家人喜静，所以我们一起寻幽探奇，相伴天地间，同享心中宁静，让彼此身心收获满满。

独处时我会鼓励心底的“小我”浮现出来，面对自己更深层的思想、听听自己心灵的呼唤、体会自己不熟悉或被压抑了的心绪。对自我的认识越深，越能关爱自己，越能理解旁人，对人际关系的巩固与改善也会有极大的帮助。

每个人安静的方式各有其巧妙之处，工作很忙时，有时会察觉自己突然焦躁不安，虽然看出了自己的问题，但越急着要安静内心，结果越适得其反。此时，我会找一处安静地方绕绕圈，或在办公室里绕一个方形，专注走路。我担任组织的决策者，不止一次遇到艰难时刻而心焦如焚。一位师父指点我，专注地看着自己的脚步，稳健地踏出每一步，同时做深长的呼吸。这个方法很有用，观察自己的呼吸并将每一步都走得踏实，会予人一种奇妙的安定感。若一时真的难以静定心绪，我会选一段较长的人行道，在认真走路的同时，仔细观察路人的匆忙神态。很多回，当意识到自己是位旁观者时，四周即使依旧纷闹，我的心也会很奇妙地安静下来。这些方法都得之于师父的提点，很是受用，建议大家也试试。

前面提到我年轻时在办公室的休息时间跟着同事瞎起哄，其实就是不懂“知止”而导致的不良表现！现在的我已经知道节制，对过度喧闹的场合，只是偶尔与之，并不太喜欢。我发现自己若处于哄闹的情境，专注心很容易涣散，而且浮躁焦虑，故多避之。年轻时就锻炼安静的能力，对素养的积累益处多多，职场上表现稳定，生活也能更为愉悦。

因为能，所以不能

我在北京有个很优秀的干儿子聪聪，5 岁开始学习太极，一直努力学习。目前在北京四中念书，武术上已经有了很高的造诣。

读小学时，聪聪个子相对瘦小，在学校里，难免会有以强欺弱的现象。

有一天我问：“聪聪，在学校里，会不会有人看你长得秀气，又瘦巴巴的，就欺负你呀？”

聪聪说：“有的。”

“那么，你会保护自己吗？”

“我会。”

我接着问：“那你是怎么保护自己的，还手吗？”

聪聪停了一下，缓缓地说：“嫦芬妈妈，我不还手的。”

我有些惊讶：“为什么？你不是有练太极吗？”

他回答：“因为我的武术老师在收我为徒的时候，就告诫我一定要记得‘因为能，所以不能’。”

我说这个故事是因为**“君子慎独”的关键是懂得“知止”，而“知止”就是因为在独处的时候认识了自己许多不同的面貌，所以做了适当的纪律约束。而这样的“知止”，正是因为“能”，所以才“不能”**。

有些人虽然和父母长年生活在一起，但是对他们并不太了解，更有甚者，关系冷淡恶劣。比如，之前提到的在女友家吃饭被点评的忠信，他说从小家里以摆地摊、卖杂货维生，记忆里父母为了一家人生计从早忙到晚，吃饭是很随意的事情，孩子们放学回到家，炉子上有什么就吃什么，从没有讲究过家人要一起吃饭，更没有享受一家人用餐的温馨时光。

我略加提示，忠信明白了这个道理。他过节返家时，跟爸爸提起这件事，并建议买张饭桌，让一家人能经常一起吃饭，养成好的用餐习惯。

隔了一段时间，忠信很高兴地告诉我，他不仅与家人分享了吃饭的温馨时光，更重要的是跟爸爸真正地和解了。

原来忠信从小打心底看不起爸爸，每当家里摆地摊被警察巡查时，妈妈总是比较利落，带着东西跑得很快，爸爸经常一副不太想帮忙的样子，他为妈妈感到不值。但是，父子俩的那次谈话，让他很惊讶地知道爸爸当年书念得也是不错的，只是际遇不好，才落得摆摊度日。他这才知道很多爸爸年轻时的故事，并且也跟爸爸谈了自己的抱负。

了解自己就从了解爸妈开始

对于进修我的课程的学生，我都会指定一项作业，就是要求大家回去跟自己的爸爸妈妈好好说说话，多了解他们的经历与人生经验。毕竟，这是你自己的故事的第一段。可以说，我们是父母生命的一部分，父母也是我们生命的一部分。我们每个人与父母间的关系可能很美好，也可能很复杂，关系不好时与其跟父母闹脾气，怪他们给了你自卑愤怒的起因，还不如正向地去理解他们，学习他们好的地方，同时也帮助他们持续成长。

若是能把自己家庭的情况理得清楚一点，通常会减少许多不必要的痛苦感受。我们身上多少存在着家里长辈的影子，因为我们都是父母长辈教养出来的。所以，不要无谓地厌弃自己的父母长辈，也不要因出身感到自卑，那是你无法选择的。不必怪罪、不必自卑、不必自欺，也不必批评自己的父母长辈，他们有时代的背景与限制，我们实在没资格按自己的想法推论其中的是是非非。

我们上学受教育，也要学习接纳每一代人不同的视角与无奈，了解不同时代做人处事的原理，这样对于职场上的同事、主管、部属、客户，便容易生起同理心，对人际关系的建立与维护，也有很大的帮助。每一位家人都是陪我们修炼的恩人，理解其中的道理，并应用到工作生活的方方面面，就能够积极理智地处理与身边人的关系。久而久之，心中的愤懑不平、厌憎怨恨，自然会减少，成为比较完美的人。

我强调的“职场素养”，始终是沿着“我”的素质及潜力条件而逐步延展探索。“我”，是精进职场素养的真正舵手，左右着个人生命发展上的顺逆成败。每个人都需要好好认识“我”，包括认知自己的存在事实、现状条件，也清楚自己的前景和挑战在哪里。认识“我”绝非易事，最直接的方式是从了解自己的家庭、故乡与经历开始。

一封令我感动的信

我建议大家多找机会与家人互动，彼此关心，定期给自己生命的重要部分补充亲情，稳固心态。下面是一条让我感动的短信，蒙学生同意，与大家分享。

敬爱的嫦芬老师：

我这两天返家，待在家里陪伴爸妈，一起去爬山、散步、喝下午茶、观看纪录片、赏雪（霰，2016 年 1 月份台湾出奇地下了雪）。请妈妈带我去果菜摊采买，认识时令蔬菜，学习关注自己的饮食健康。妈妈同意让我一起准备晚餐，从挑菜、洗菜、切菜、下锅，我参与了整个过程。

虽然我手脚慢，妈妈还是很耐心地教我（当然也抱怨了我小时候不肯学的态度）。我练习炒了豆干芹菜、胡萝卜炒蛋、姜丝空心菜等家常菜，再次体认到妈妈的伟大。我跟妈妈一起按照老师建议清理排骨的方式，亲眼见证浮出满锅的浮沫杂质，非常惊讶，以前家人真的吃了不少脏污物质啊。

饭后我与爸妈喝茶聊天，他们先说了各自儿时的生活，一路聊到结婚，又生下三个小孩，大致已是半生经历。我鼓起勇气和爸爸谈起自己小学时的无知，常因家中环境不如同学而感到自卑，甚至还因爸爸的秃顶与开旧车而感到没面子，总要求爸爸戴上帽子才能来学校。我说，长大后才了解他们的努力和勤俭是为了让儿女过上好日子并倾全力栽培，希望给予儿女他们当年所渴望的生活。

我将这些忏悔一直埋藏在心底，这是第一次向父母真诚坦白、道歉，请求原谅。说出这些话，我心底的硕大石头才真正放下，感到非常踏实。昨晚，我和妈妈手拉着手聊天直到安稳入睡。谢谢老师给予我勇气，让我得以更深刻地对踏实、伟大且充满智慧的父母抱持感恩之心。

自交换学习回来，爸爸病后一直在康复期，我尚未与他们分享在国外一年的所见所闻，这晚也一并拿出来分享，放了整年的照片集给他们看，我一再感谢他们对我的付出与栽培，才有今日的我。

老师，我在这个假日好好地认识到了自己的出生与来历，与父母深谈，理解他们，也诚恳地向他们致意，觉得感情更加紧密。同时，好高兴我明白且化解了过去困扰着自己的自卑与无知。

感谢嫦芬老师的教导，我会继续思考并将老师这四天的课程内容引入我的人生深处，贯彻老师的教诲，即知即行，继续精进自我，也会深深反省自己的不足，以终为始，努力向上。

想象 20 年后的自己

我第一年回台湾教书，被学生的热情与上进心所触动，在几周的密集课程后，我和我先生古老师给在寒假期间还愿意留下来学习的学生们加课，教导他们项目管理与商业书信表达的相关应用。

其中，我布置了一道作业，目的是要学生练习多方位思考，清楚表达自己的深刻想法，并且借着作业思考并引导自己走向卓越之路。首先，我请学生设想自己是总裁助理。刚过了40岁生日的总裁，确定要离职，迈向职场新的里程碑。公司的同事都很舍不得，但知道总裁已做了决定，于是请总裁的助理拟一份欢送词，准备在欢送晚宴上，代表大家给总裁念上。

其实，这道题目是很困难的。困难在于：这位有成就的总裁，正是学生理想中刚过40岁、已经有一定事业成就的自己。换句话说，我的想法是让才20出头的年轻人，以现在的视角与推想，给40岁有一定成就的自己，送上一段祝福的话。

想要做好这门功课，至少先想好几件事。首先，为某人办欢送会，这人必定值得大家敬重，成就不凡。为了说说工作上已有的成绩，学生必须想象一下自己到40岁时，可能在哪个行业？有如何的成绩？跟主管与部属间大致的人际关系如何？改行离开的原因，以及在办公室做人处事的风格等。

我们是希望学生借着这份作业，稍微严肃认真地看待自己现在的条件，勇敢地憧憬未来，勾勒自己40岁时理想中的成就。这并不容易，但没想到发表欢送词那天，结果大出我和古老师的意料，每个人的演说都非常出色，也都有深刻的感悟。很多学生一边读着欢送词，一边落下泪来，我们都非常感动。

助教把学生们的朗诵录了下来，相约20年后再聚，一起看看年轻的自己，对40岁的自己，曾有过多美好的期许。

其中一位学生叫洪远，想象40岁的自己已经位居花旗集团投资银行部门的董事总经理职位，由于获邀加入世界银行，担任高管参与国际级项目，所以得离开现在的公司。洪远勾勒出一个很棒的愿景，他还提到生活上的温馨话题："洪远，知道你因为全力以赴地工作，一直单身着，你这次带着收养的两个孩子上任，一定会很辛苦，但他会给予孩子们家一样的温馨幸福。祝福你，在事业的第二春上，能找到爱情的春天。"

孩子们的想象力的确丰富，不过这真是非常现实的情境。

整篇文章，洪远把自己20年后的生命面貌，应有的情境都照顾到了，看得出来这应该是他经常思考的问题。这是"以终为始"的锻炼，由未来憧憬的成就条件，来激励、领导眼下的自己，逐步提升素养能力，以实际行动，训练并展示出泰然自若、充满自信心的形象。

你要不要也试着给未来成功的自己写封信呢？马上开始吧，好好认识自己、好好爱自己、勉励自己准备迈向卓越，在工作生活中，安稳心念，务实努力，持续进步，达致成功。

每年从 11 月起，各大机构或企业的管理层就开始了一年中最忙碌的季节。此刻不仅是年终业绩的冲刺时期，以及营收获利关账的时刻，也是人力与各部门主管着手布置部门及员工的绩效评估流程，以备向决策者及董事会汇报；职场人士则是期盼着收到丰厚的奖金好好过年。

每个人在面对年终的“回顾与前瞻”时做法不尽相同。因长年在国际机构服务，我已养成习惯在岁末时（大约圣诞节前后），总结回顾一年来的点点滴滴，写下来寄给亲友和同事，除了表达贺节的心意，也分享自己的见闻与感悟。

这样的一份“年度报告”常让我感到自己没有虚度光阴，也如同再一次穿越时光隧道看自己走过的足迹，借此机会回想有缘交往的对象、所增长的见闻与教训。

体会亲情和友情的重量——我的 2015 年

离开金融行业以来，2015 年是我收获努力成果的一年，也是突破各种条件限制而有进展的一年。陪伴我走过这一年的至亲、好友、学生、弟子以及尚未谋面支持我的人都是大贵人，感恩！敬谢天地及在极乐世界的母亲，恩泽成全的力量！

今年我和先生相伴出国达 15 次，重游故地、回味当年，也幸运地到访过向往多年的远地，备感欢喜满足。春节前，我们到马来西亚婆罗洲重温当年热情浪漫的岁月，而在深秋，在京都长住的感受更是美好，得以深入体会“家”在日本文化素养下的意义，加深了过去对京都春夏的感动收藏。此外，初访梦中的青海及内蒙古，领略西北及塞外的壮阔山川与大漠风情，天空的湛蓝白云、湖水广川的祖母绿湖海蓝、无际无边的油菜花田、大雁飞鹰骆驼羔羊骏驹，还有藏回人民的豪迈，都细细紧致地烙印于脑海。先生与儿子的爱及包容体贴相伴、好友们的热忱接待及相陪欢乐，成全了一次次在最佳环境条件中难忘的旅程。

我先生，古大侠坚毅认真，维持一定的体魄健康，刚成为“资深市民”的他，继续用功读书，分享我新知感悟，相爱相惜到永远。除了过敏偶尔稍有不适，好在下半年已有明显改善，我这一年身心内外安和，自认对生命体悟均略有精进。

旧金山的女儿在音乐创作路上持续发光发热，今年表演场次增多，创作推陈出新，奔忙劳累可想而知。虽联系较少，独立干练的她已觅定生命方向，我们感到欣慰。儿子完成纽约大学电影硕士三年的学业，继第一部短片*Reunion*获得台湾第一届微电影（学生组）最佳导演后，第二部短片《龙虾小孩》（*The Lobster Kid*）幸运获颁达拉斯电影节及多伦多亚洲电影节双料“最佳短片奖”，本片还入选各类国际影展十余次，备受肯定。正在准备毕业长片制作的他很认真，也知道前面是更艰辛的学习之路。

秋日纪念家母与婆婆逝世周年，兄弟姊妹更珍惜彼此。长住美国的阿姨搬回台湾落户，容我们有机缘再孝敬长辈。姊妹之中有经历病痛者，朋友辞世者也有几位，所以更让我们互相都提醒着家人感情支持的重要性，健康的珍贵以及生命的意义，“珍惜当下”是必需的行动实践。同时，我开心地“捡”回来很多位老友，小学、中学、高中、大学时期的同学旧识，见面时都是泪奔似的感动。

看见自己的工作成就

这一年工作扩展快速，也看到了努力的成果。列举若干新鲜事引为纪念：

教学方面。春季受聘在清华大学经济管理学院EMBA（高级管理人员工商管理硕士）、秋季在北大光华管理学院MBA教课，其中“职场素养”课程蒙北大列为必修，意义深远。同时，台湾大学财经系《萌拓学堂》迈入第四届。

出版方面。7 月在线课程“职场素养”在台湾大学MOOC/Coursera（二者都为免费大型公开在线课程项目）迈入第二年，改为永久性免费播放。月底音频节目《“芬”解上班族——卓越之路》，在喜马拉雅FM平台开播，至今累计听众达数百万。心血著作简体版教科书《“芬”解上班族——全相职场素养课》，由清华大学出版社正式出版发行。成为作者，是我人生的全新体验。

这一年，还受邀在各地演讲，其中较特别的，是 11 月返回母校，台南女中 98 周年校庆动员月会主讲，学生及校友出席近 3000 人。这是我获颁“杰出校友”9 年后再次返校，纪念当年与我分享荣誉的母亲。北京第四中学“自我领导力”讲座，是我首次面对大陆最优秀的高中生讲座，令我印象深刻。另外，中国美商会（American Chamber of Commerce BJ）是大陆首场英文演讲，在中国耶鲁中心（Yale Center China）的演讲分享也获得了很大的反响。

创设的几个平台，也有不错的成绩。2 月开设的个人脸书粉丝专页，已有 7000 名粉丝。9 月成立微信公众号“芬解上班族”，10 月起专栏刊登在“领英洞察”（LinkedIn Influencer）、财新网“财新名家”、赤兔“职场大咖”、世界经理人网“最佳管理智囊”（Global Sources）等平台上。

媒体活动，也有不少参与。台湾“天下杂志”《世纪对话》纪录片中，我担任创业家导师，8 月在台北中正纪念堂广场万人首播。十一假期我的教科书《“芬”解上班族——全相职场素养课》获得南方报业集团推荐。12 月除《ELLE 世界时装之苑》人物专访外，还在数字时代（Digital Times）与徒弟风尚旅游创办人游智维一起接受采访。

公益项目。出任“台湾民主基金会”“器官捐赠移植登录中心”两个公益机构的董事职务，以尽一份读书人回馈社会的责任。

做好笔记可以提升工作效率

或许你会好奇，我这么忙，怎么能记得这么多一年中发生的点点滴滴？之所以能记忆犹新，主要归功于平日的做笔记习惯，包括行事历、日记和随手笔记。

做笔记是有要领的。**在我们做笔记时，需要消化并整理所接收的信息，这是一项高度专注的心绪活动。表面上看，只是记录重点，实质上却是整个心灵、思绪与感情的共同运作，是你对于课堂或会议信息解析、重组与整合的一个完整过程**。

年轻时，我的笔记像流水账，只把听到的话老老实实地记下来，心里没想太多。等成为职场人士，我觉察到这样做笔记效率很低。我和主管一起开会，一样听讲，可是会后的追踪或行动，我总是慢半拍，难以跟上主管的脚步。事后向同事请教，我才明白：**商务信息的整理重点在于解读客户信息的含义，以及我对这些信息的反应思维。我的工作是精准了解客户的需求，提出有价值的咨询意见及行动方案。因此，在倾听客户说话的同时，我应该根据自己的知识与技能，在会议中提出对应的工作框架与建议**。

换句话说，我需要在专心开会的当下，同时把心中陆续闪过的若干想法也记录下来，作为会后提交报告的内容，包括行动方案、相关注意事项。但这些灵光一闪的好主意当下如果没有记录，会后很容易遗忘或记不完整，于是我将做笔记的方法开始改为“左右二分法”。

首先，在笔记本页头标注会议的人/事/时/地（会议与会者/主题/时间/地点），**所谓的“左右二分法”（就是将页面分为左右两半），左侧用来记录听到的信息，右侧记录对事情已经内化的认知。也就是说，左侧写的是“事实”，右侧写的是我在会议中对事件的对应想法、待办事项或自我提点**。使用这个方法做会议记录，会后回顾时就一目了然。需要整理追踪任务时，很自然地先关注到右侧的标记，迅速理出后续跟进的事项，从中能够很有效率地向主管或同事汇报会议重点。我发现自从采用“左右二分法”做笔记后，工作效率有了显著提升，表现更加干练，主管与客户也对我快速的追踪速度做出了肯定。

我在公司里培训年轻同事时，有机会就请他们分享会议笔记，借此判断谁的逻辑思维比较清晰，谁在与客户接触的当下有更优异的反应，比较适合列为重点培训的人选。一个人有没有潜质，从他的笔记中，从对事情的摘要总结中，就可以看出他是否具备提出有价值的意见以及实践能力等。

我合作过的主管与同事，多是因为专业机构要求比较高，所以有着长期做笔记的好习惯。很多人在年终岁末（圣诞节与新年），也会总结一年来的感悟心得寄给亲朋好友。每当收到好友们的年度回顾，欣赏亲友们的丰富阅历与不凡文采，也感受着庆贺佳节的绵绵心意，即使暂时没空见面，彼此的情谊也能在无形中增进，不会感到生疏。

职场人士的工作一向辛苦，但是我期许大家尽可能认真地度过每一天，不论是得意、平淡或事与愿违的日子，随手记录心情片段，不仅可以抒发自己的心情，还有机会提供自我省察的线索。当偶尔心绪低落时，看到笔记里记录的小成就，也能安慰自己当下挫败的心情，所以好处还是很多的。

职场是每天都在变化的地方

很多人都有过这样的经历，工作上分到了一项任务，若是自己相关知识及技能足用，完成任务通常不是太难。只要专心地好好做，细节也照顾好了，基本都可以达成目标与质量，符合主管的期待。

相信多数职场人士都是不怕工作多、不怕工作忙，主要是怕“烦”。工作上的烦，很容易让我们放大职场的难度，也会模糊本来比较单纯的工作本质。心里有了负面心绪的干扰，就会影响我们，甚至团队在工作上的表现。而这些所谓“烦”的感觉，通常是因为一个单纯的事件加入了“人”的牵涉。

有意思的是，即使你一个人做事，每天一模一样的工作内容，有时也会因为心情的不同，产生不一样的结果。换句话说，你也可能干扰自己的工作心情，而影响结果。例如，你负责每周一在总经理秘书桌上拿同一本杂志给部门的同事参考，每次都很顺利。可这一天，不知为什么这本杂志没放在原先熟悉的位子，你原本轻松的心情就会突然紧了起来。或者你拿杂志的时间，通常总经理秘书已经下班，可这一天秘书还在加班，而且似乎心情低落，即使杂志报道的是你有兴趣的标题，你也会因此受到影响。

当职场有“人”牵涉在了你工作的情境时，工作中就有了变数。简单的任务如此，复杂的团队运作中的职场情境就更千变万化。一个团队里，每个人微妙的心绪变化，或是环境因素的小小不同，都会让团队成员在每一天、对每件事情，产生大小不同的变化。这无法全然预知、推估的情境，就是职场人士在职场的奥妙之处，也是有趣的地方。职场情境，如同太极一般，有着无穷无尽的变化与可能性，每天都不一定相同，如同人生也千变万化。

职场是由人与事双轴心组合，时时刻刻所发展出的动态形貌。作为职场人士，你可以选择保持正面的心情，欣然接纳这每一天的新奇变动。你也可能只要遇到预期外的事情就不喜欢，让负面的心绪牵着走，而影响到工作上的表现。可见，在多数时候，自己的心态是否正向，可能决定自己在职场上的成绩，也会影响旁人对你形象的评价。

你对自己的期待是什么

我在30岁时，从法律界转行到当时欧洲最大的投资银行詹金宝证券集团（James Capel），成为该机构在台湾分公司的业务副总经理。这家创立于1775年的伟大机构，在金融国际化的浪潮下，被后来的汇丰金融集团收购。我躬逢其盛，成为国际投资银行业里华人的前锋，也是领域里少见的女性主管。这始料未及的际遇，改变了我的职涯与人生。

记得在台湾分公司的开幕酒会上，我兴奋地期待与远道前来的全球董事长Sir Peter Quinnen见面。董事长是皇家贵族、牛津大学法学院的杰出毕业生，从执业律师到优异的银行家，不到40岁便掌管这欧洲金融史上的伟大机构。

我问董事长："你对我有何期待？"他看着我，很优雅地说："Felice，我说对你没有期待，你会讶异吗？这是真心话。你不用担心我们，因为我们已经存在了200多年，是经营得很成功的金融机构。我建议你用心思考对自己的期望，因为那是更重要的。"我对这个回答颇感诧异，当时为了准备这次会面，我参考美国顶尖名校MBA毕业生经常的提问，却似乎踢到软钉子般，感到有些失望。

董事长接着说："我们机构能有这么长的历史，主要是仰赖很多杰出同事的集体贡献，每个人都尽力实现自己最大的价值，机构自然就会很好。在我们的行业里，最重要的是累积自己的实力，努力让自己成为优秀的专业人（Professional）。伟大的企业或是机构，都是因为一代代优秀同人，展现高度专业素养（Professionalism），并且协力合作，才能创造一段时期的杰出成就。每个机构，都是同人集体优异表现的最终受益者（Beneficiary）。你既然在职场，就好好专注于自己各种能力的准备及学习吧，这是你万无一失的策略。一定要说个期待，那就期待我们合作期间，一起成功创造共有的光荣历史吧。"

我此刻仍清晰记得董事长这番好似暮鼓晨钟、宏伟大气的一席话，醍醐灌顶的智慧启发，深深影响了我成为金融界专业人才的价值观与职场态度。这段话鼓励每位员工专注于个人素养与能力的坚实，认清企业是倚靠优秀员工的集体贡献。我暗下决心，一定要做好，让聘用我的机构引以为荣。同时，等自己练就一身功夫，还要帮助其他人获得成就，让共同服务的机构，在我们手上再续辉煌。这就是职场上的人可以成就"机构"，同时机构也成就"人"的迷人所在。

把自己从人才变成有价值的人力资本

与董事长的对话给了我很重要的启示。首先，我明白了所谓的**职场，是把自己从人才转化为组织"人力资本"的历程。**

因此，不只是关注主管期待我应该成为怎样的人，或是仰赖他人的肯定来确定自己的存在感，最重要的是自己如何定位自己的价值。**把自己从人才，变成公司里真正有价值的人力资本，就是每一位职场人士必须为自己设立的目标**。只有这样，我们才不辜负在职场中的青春岁月。自己在当前工作，或是不同工作上所锻炼累积的不同能力，都是能跟着自己走的。我们该带着一身本领继续迈向人生的卓越之路，不仅让自己成功，也更进一步提供价值给所服务的机构。这是正向积极、双方都能相互增长价值的职场模式。

大家要相信，因为自己是人才或具备人才潜力，才能获得一份职务。作为职场人士，我们应该经常思考如何成为一位更有价值的人，在职场立足于不败之地。因此，所思考的角度应该至少包括：

（1）如何让自己成为组织发展中的人力资本（A Human to Human Capital）？

（2）如何展现出自己在组织、企业里，是有价值或有能力创造价值的人？

具体做法上，我建议职场新人，首先上班一定要准时，总是衣着整齐、精神焕发地让主管放心给你交办任务。良好的仪容神态，会让人很欢喜与你合作，也愿意相信你有好的学习态度，可以予以重任。

除此，不妨从开会时练习表达自己的意见入手。先不要担心自己意见不成熟，或是与他人的意见可能不同，更不要害怕说错。一开始带点傻劲地努力表现，总是胜过那些胆怯或是在会议中默不吭声的同事。至少，你的努力与勇气是很有机会被肯定的。若你对自己的观点是否有价值没把握，暂时不敢在会议上发表，也可以在会后向主管表示自己会继续努力。但要注意，这些讨论最好只跟参加会议的人商量，否则一不小心被认为不够谨慎，就很可惜了。

我从开始工作，可以出席内部会议旁听起，就依着主管的提点，练习考虑事情时设想自己就是主管，从更高、更广的视角，准备数据并做出有价值的建议，绝不疏懒于自己的思考与判断。在每次会议中，除了尽力准备相关信息，也请主管容许我至少提问一次，或试着提出一个建议方案。练习一段时间后，便能较清晰表达自己的想法，尽好部属的本分。

多数主管都是从基层做起的，会欢迎针对他的观点所提出的建设性意见，只要扎实准备逻辑性强的客观分析，假以时日，就能逐渐提供有价值的意见供主管决策参考。

有付出就有收获

董事长的话，还给了我另一层体悟：职场是有付出有收获的公平秤。初入职场的人士，有些人会认真地为自己的职业生涯发展订立一系列的目标。我不认为这样的想法有很大意义。毕竟，这个阶段的你还缺少必要的社会阅历，对于工作与目标结果之间有何关系，其实还没有弄得太清楚。与其想得太多太远，不如专注完成手上的工作任务，务求每件事都做到最好，建立起自己的口碑，与同事的信任。

经验需要时间的催化发酵，才能内化增值。刚入职时就积极争取机会锻炼，好好建立自信心。接着，靠着持续累积的经验，就能慢慢增添自己在职场上的价值。

尽管努力与辛劳一般在短时间内看不到成果，也难保一定如愿，但我仍坚信过程中的所学所感，都会为未来知识技能的积累添光彩。专注当下的学习、常保乐观，诚心等待此刻辛劳，终有获得回报的一日。

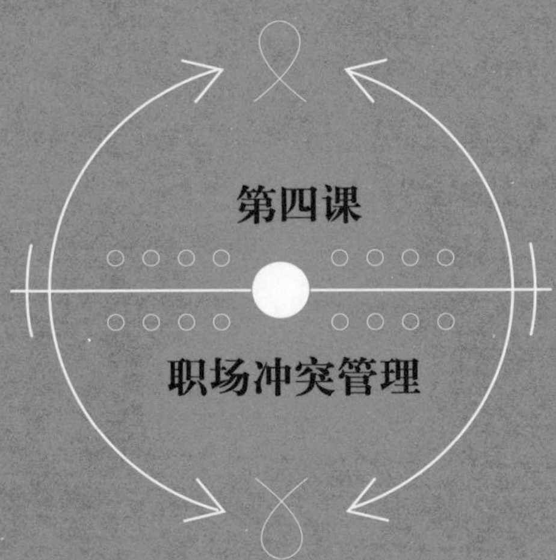

第四课

职场冲突管理

办公室里是非多

职场人士多数不怕工作忙，而是怕“烦”。职场上绝大部分的“烦”，主要来自与“人”的牵涉，这是职场人士感触很深的经验。偏偏，“人”是办公室里最无法逃避的元素。

说到“人”，大家一定很快就联想到“是非”。职场里关于人的是非经常就在眼前，我们不能当隐形人，不可能毫无反应，更不想做是非人。那么，到底该怎么处理，用什么心态面对呢？

我和大家分享自己的经验。

当同事“有事”时，你会如何处理

我刚担任高管时，很幸运有位非常能干的助理小芳，帮了我很多忙。工作中，她表现优异，只可惜她有一个会打老婆的先生。一起工作时，我偶尔会看到小芳身上好像有伤，但那毕竟是私事，我不方便过问。

可有一天，比较特别。一般来说，投资银行的职员都是清晨六七点钟进办公室。我那天到得比较晚，走进办公室后，觉得部属们的工作氛围有些奇怪，走过小芳身旁跟她问早时，发现她有一边的脸是瘀青的，心里震了一下，立刻了解为何同事们会窃窃私语。由于马上有个与香港总部的视频会议，我也没机会问她，只拍拍她的肩，就进了办公室开会。

讨论完既定的议程后，我借机留住亚太区的人力主管，跟她提起我助理的情况。这位美国籍的女主管立刻提醒我，这类事件过去银行里也有过，处理上有标准的作业流程。我当时一听，心里很感动：果然跨国大机构很关注员工，对人事的处理很细致！同时，我也警觉到，当上主管后还有很多需要学习的地方，不能再仅凭自己的直觉或是好恶去处理职场上关于“人”的问题了。

请试想一下，若你是我的同事，一早进了办公室看到小芳的情况，你会怎么做？

走过去关心她、问她发生了什么事，或是为她打抱不平，或是冲动地想请位律师控告她先生？或者，更不好的，你已经像记者一样，跟还不知情的同事实况转播了？

我一时不确定该如何处理，于是请教人力主管，她所谓的标准作业流程，该如何操作。

“你必须尽快让小芳离开办公室，因为你是最高主管，维持办公室安定的工作氛围、确保效率，是你的职责。”

人力主管提醒我，若是让大家分心去嚼舌根、说是非，一定会加重小芳的情绪压力，不仅小芳被逼着回顾昨晚家里发生的事，无法专心工作，也必然影响办公室一个上午的工作效率。

既然小芳今天很勇敢地来到办公室，代表她正努力地打起精神来工作。换作他人，若是脸上瘀青一块，相信大多数人都会选择请假的。但是她来了，说明她需要很大的支持，而这支持绝不是让每个人去对她嘘寒问暖：“他打你了？你还好吗？”而是让她从安静工作中获得宽慰。这毕竟是个人隐私，一堆人像家人一样七嘴八舌地表达关心，甚或评论，在办公室里并不合适。

可能有的人会说：“这太不讲人情啦，咱们中国人不会这样，咱们都是很仗义的！”还可能有些人问小芳：“你先生在哪上班，咱们去找他吧！”仔细想想，成熟的人应该不会这么做，对吧？我听完人力主管的话，心里很是佩服，在国际职场素养标杆下对人的进退应对，真的很值得参考。

于是，我走出办公室，跟助理说：“小芳，你出去走走、喝杯咖啡，下午再回来上班。顺道帮我买两枝长茎玫瑰花，一枝带给我，一枝送给你。”

小芳听到后，很理解地低下了头收拾东西，安静地离开办公室。很快，办公室就恢复了正常的运作效率。同事们停止了私下议论，不再因为同情小芳的心绪而干扰个人的工作状态。小芳下午回来时，我发现她去了美容院，整个人的神情较上午缓和很多，我总算松了一口气。其实，在后来继续共事的很长时间里，我跟小芳都没再提起那天的事。

职场上维持适当距离是上策

这件事的处理让我明白：**从管理的角度出发，员工的公领域及私领域都需要维持适当的距离，确保组织里以工作为重心的基调**。**换言之，职场上所谓优质的人际关系，还是让自己跟每个人都能维持适当的距离（相互尊重的距离，**Respectful Distance）**比较明智，避免不必要地卷入与人相关的纷扰当中**。

与人交往时维持相互尊重的距离，除了适用于办公室里同事之间、自己与主管及部属之间，也适用于好友之间。每位主管都期望部属对自己忠心耿耿，因此有些人在领导部属时，会很努力地把部属当“家人”看待，嘘寒问暖不说，下班后还经常招呼餐叙，有时还要求部属周末拨出时间互动。这是很多当主管的人对“带人要带心”这个说法的理解。我们都当过部属，其实不一定喜欢主管太像家人，随时随地来电话、下指示，这样的做法部属并不一定会感觉舒服。若是部署期盼自己的主管不要占据自己下班后的时间，主管单方面追求部属感受“如同家人般亲近”的方式，就需要再考虑了。否则，很可能会衍生出管理上的问题。

组织内部难免有派系问题。这些人与人之间的纠结矛盾，有时甚至会摧毁组织的光明前程，现实中的例子并不少见。我很幸运一直都在专业性较强的国际机构工作，机构里的每位同事都有不同的本事，相互可以快速协同合作，同时每个人还能保有一定的独立性。

我服务过的跨国机构在每位职员刚入职时，都会要求签署《员工行为规章》(Code of Conducts)，表示对其内容有充分认知，并且承诺依循实践。在这些行为规章中，即使文字使用上有些不同，但都会要求员工尊重彼此的隐私权，不随意探究他人隐私，更不允许员工私下拉帮结派。我在金融服务业里工作，这是充满金钱诱惑的工作环境，行里的人若是私下有很多深度交往，很容易失守，沦丧道德操守，而让机构陷入严重的风险当中。因此，**在我的专业训练中，已经习惯专注于自己职场素养的积累，跟同事们尽可能地保持相互尊重的距离**。这一点，我希望提供给各位职场人士做参考。

太亲近的情感反而容易带来困扰

并非基于不近人情，或是喜欢予人距离感。其实，我见证过职场上因为难以排解的个人困扰，彼此欠缺警觉度，与上司或部属过度亲近而适得其反的例子。例如，当主管与部属太像家人、无所保留时，遇到组织需要处理或精减人事，就会很困难。家人怎能相互评量绩效，甚至解雇呢？如同处于竞争情境的几位亲如家人的好同事，在升迁结果发布时反目成仇，就要考虑平时是不是过度亲近了。

比较不好的例子是，有些主管自己想跳槽离职，还给部属不当压力，逼迫部属背弃自己所服务的机构，部属因此深陷这种不公平的人情压力之中，这正是平常过于亲近的代价。若是由于集团贪污或犯错受株连，甚至有些还牵扯感情上的过度亲近，问题就更为复杂。这些情境在职场的人际关系中，都是可以预见的。

总之，同事间的关系主要是因为工作而产生，必然牵扯利害关系，与家人之间终究不同。职场上要求自己与同事为共同的任务目标密切合作，但是这不意味着你需要向每个人报告私领域的事，也未必要努力跟每个人都成为莫逆之交。这个彼此相互尊重的适当距离，正是两个人在处理公事时，最好的距离空间，能在不幸一定要结束关系时，避免伤害的人际关系陷入困局。

我建议大家，要刻意高觉知地避开办公室里是非色彩太重的关联，维持自己中立于办公室的政治帮派或是八卦是非之外。重要的是，自己要避免成为是非集散的中心。职场人士最关键的，是完成组织分派的任务目标，从职场中学习经验，实践自己的正向价值观。

孔子说："非礼勿视，非礼勿听，非礼勿言，非礼勿动。"属于职场上同事个人隐私的问题不宜随意探查，例如年龄、宗教信仰、性倾向、婚姻情况或是与财富相关的话题。在办公室里，不要轻率问及同事的家世背景，以免发出不当信息，引起误会。我过去在职场上，即使共事多年，哪位同事结婚了没、有几个小孩、出身背景等类的话题，除非对方主动提起，否则即使我很好奇，也不主动打探。隐私就是个人希望隐秘受到尊重的事项，我们必须给予旁人尊重，况且知道太多，对自己也没有明显好处，只是增加了八卦的信息，让自己成了办公室里的是非人。

这些因为"人"所引发的是是非非，经常干扰我们的正向价值观，有时还会影响自己难得清静的独处时光和下班后的休息质量，很不值得，我们都要谨慎！

『我以为』是一切灾难的开始

职场人士在工作中，应该都曾经或多或少闪过这样的念头："我是这么想的，不晓得主管怎么想？"然后心底编写诸多"我以为……应该是怎样怎样……"的情境，有时还猜测主管意见最可能的风向会如何如何。

这虽说是人之常情，但是，因为"我以为……"所造成的职场灾难，实在层出不穷，我们都该谨慎！

少了沟通，彼此就不通

我的学生念真，大学毕业后，加入一家快速发展、很有朝气的公司。做了两年分析师，由于工作认真，见解不凡，被提拔到副总办公室担任助理，学习锻炼的同时，他也扩大了视野，有机会琢磨与人协同合作的心思。副总听过他的几次简报，对他印象不错，说很乐意带带这个明日之星。

副总办公室的工作繁杂，每天上班都在与时间赛跑，永远有做不完的事，念真也逐渐熟悉了自己的任务。几星期后的一天，副总在办公室里接待了一位重要的潜在客户谈业务，时近中午，念真看他俩谈兴仍切，就轻轻敲了敲门，副总转头看看他示意，念真探头问："要不要安排午餐？"副总笑笑，谢了他："就订在对面那家西餐厅吧！ 12 点 15 分。"念真转头立马拨了电话订位，就转头去做自己的事。过了一阵子，电话响了，是餐厅拨过来问："现在是 12 点半，还给您留位子吗？"念真急得赔不是，连连说，立刻去、立刻去……

副总看到落地窗外的念真，看了看手表，立刻起身。出了房门，副总问："车呢？"念真睁大了眼睛，他的耳朵听见自己说："我以为您要走过去！"副总满面的笑容顿时僵住，挥挥手说："跟餐厅讲，我们现在走过去。"念真此刻的心绪起伏，可想而知。

副总一下午都在会议中，接着 4 点半就赶赴一个酒会。念真纠结着，却没机会当面跟副总解释并道歉。他很沮丧地拨了电话给女朋友，问她要不要一起去看场电影，女朋友开心地答应了，约 7 点见，一起吃点东西，然后看 7 点半的电影。念真提早到影城，买好了票，然后在快餐店点了份女友最爱吃的炸鸡与薯条。他看到女友从远处轻快地走过来，自己心情总算开朗了些。女友坐下来，看到桌上点好的两份食物，沉下了脸说："我没胃口！"念真很讶异地说："我以为这是你最爱吃的东西啊！"女友狠狠地盯着念真说："我已经节食一个月了，上次我们一起吃饭，是两个月前的事，你调到这个新职位后，我们就没好好说过话，更别说是吃个饭！"说着说着，女友眼泪滚了下来，抓了把桌上的面纸，捂着脸站起来，转身就快步离去。

念真看了一桌的食物与饮料，胃口全没了，电影也不想看了。他不想见任何人，只想回家，关在自己的房间里，好好生一场闷气。

念真这一天的遭遇，恰恰说明沟通双方没有彼此再次确认信息，所导致的灾难情境，这在职场上，可能会大幅减损工作的效率，并在主管的信任关系方面蒙上阴影。即使在生活上，视为理所当然的互动关系，或是自认理所当然之事，也会伤及情谊。而且，这类的认知误差，事后弥补起来，也是很费神的。

默契不是万能

对我而言，凡是工作上的联系，我都会追踪到对方对我的信息给予明确的响应及确认后，才会停手。因为自己跟对方都有可能对任务过程及细节，有着许多"我以为"的判断，而这些先入为主的观点，有时偏偏就是产生失误的主要原因。特别是彼此合作一段时间后，更容易对双方传递的信息过分自信。如此积累在心中视为理所当然且美其名曰“默契”的事，看起来效率不错，但我想提醒大家，还是应该耐心地再度确认为好。

职场人士每天的心绪变动属于常态，双方互动中，只要有一方平常的心念产生变化，你与他原本的默契就可能因之而变动。想要双方所合作的任务顺利如愿进行，就必须反复确认，以避免脱轨误解的发生。多问一句，多确认一次自己对信息的理解，就会少一点错误的可能性，这是工作上的基本纪律。

事实上，即使沟通双方都维持这个纪律，有时事情迫在眉睫了，对方还有可能变卦。因此，你完善沟通流程的费心，至少留下了日后回顾时可供追踪的轨迹，也能保护自己不陷入“无语问苍天”“哑巴吃黄连”的处境。

我每年都会指导学生举办多项实践活动，例如模拟商务晚宴、企业参访，或是形象改善等。有一回开筹备会议，与学生约好在我家附近的某咖啡厅会面。我在约定时间前 5 分钟便抵达了咖啡厅，团队的两位学生也到了，我们寒暄聊着，眼看着约定时间过了一刻钟，另外 4 位学生还没抵达，大家有些讶异，便分头联系还未到的人。

几番电话下来，才弄清楚原来那间咖啡厅在市区里共有三间分店。邀约时，我自以为讲清楚了在哪条路上的店家，而学生们彼此传递信息时，都只提到咖啡厅的店名。结果这样一个失误，有两位学生“以为”是自己跟同学们经常讨论报告的印象分店，另两位同学则“以为”是上个月新开的那家分店。你看，每个人的“我以为”，是不是令人很无语！

我自己偶尔也会犯这个“我以为”的错误，闹得自己啼笑皆非。我与客户会议的安排，一般都由能干的助理处理。这天上午助理请假，我一早赶着出席几个会议，记得中午与某董事长有约，便急急赶赴知名酒店的法国餐厅，在柜台跟经理打了声招呼，便坐下整理笔记，准备待会儿要面谈的几个要点。抬头发现时间过了 15 分钟，客户还没到，我便拨了电话给助理，这才发现约会是在隔天中午，原来手机行程上写 11 号，理所当然地“我以为”是周一！可是刚才和餐厅经理说我中午有订位时，他也没有意外，还说：“陈总，平常多蒙您照顾，您任何时候来，自然都是有座位的。”我不禁苦笑，真是虚惊一场！

不懂、不确定就要问

在职场上，揣摩上意难以避免。但是，对于经验较浅的职场人士，我还是建议应当寻找机会向主管求证，试着确认彼此间的认知差异，以降低误解发生的可能性。主管或许会因为你看似紧张兮兮的样子而嫌烦，但是礼多人不怪，多探询几次，也可以逐渐理解主管做判断的逻辑，这是有利于彼此沟通的一个方法。

职场上，我们也会常闪过一些困惑：该不该问问题？听不懂，听不清楚，手上的信息结合不起来时，该如何是好？我的建议是：听不懂，就要问。

提问能拉近彼此认知上的差距。问答之间，也可以增进彼此的认识。但提问时，要避免说："我可以问一个笨问题吗？"我常被这样的开场白弄得尴尬，既然自己知道是笨问题，何不先做好功课，等找到聪明问题再提问呢？毕竟，有问题应该是努力思索过再提出啊！

如同我观察的，很多的误解就是起源于太多的"我以为……"。轻率地预设立场，沟通时欠缺回馈和确认，错一寸可能就差了一丈远。有时即便在后续的过程中发现，救都救不回来。因此，**把及时的提问，当成每个环节中的复核标准，很重要**。如果你不问，便会继续添加更多"我以为"的念头，不顾事实添油加料，最终误导自己的判断。

为什么每个人心中存在这么多假设，自认智识高人一等，可以将手边数据拼起来？这其实是工作上的危险心态，毕竟能在同一场合工作的人，资质差距不会太大。要胜出，必须比旁人多做一步准备，尽可能以各种方法确认自己的认知无误。或是，你其实没有充分准备，事前也没有认真准备好主管可能的提问，那么就在每回汇报时，预先备妥提问清单，把不懂的疑点清晰标示，把这当作重要的预习作业，以在汇报时向与会者请教。

在主动提问中精进

职场人士要有正确的观念：“主管不会没讲清楚，只有可能是你没有问清楚。”主管对于部属的工作内容都有一定的经验。部属没有明白确认信息并请求解答困惑，当然是部属之过。而且，主管的时间还要分配给其他员工，你若对交派的任务有疑惑，就该追着主管问清楚，而不是等主管回过头来问：“对这份任务，你有没有疑问？”在这进与退当中的拿捏，确实不是件容易的事。只能把握机会多尝试，透过与主管的互动体会，加上几次关键点评，进而形成默契，争取快速进步。这项能力必须持续练习，才能抓到诀窍，没有快捷方式可走，只有“做中学，学中觉”。

如果你是主管，在碰到部属提问时，也要着重培养他思考问题的习惯，不要立即给答案，即便你认为这样比较节省时间。很多主管都很忙碌，讲求高效率，所以对部属的请示会直接给出明确的答案。但这种做法从长远上看是不利的，无法引导部属思考问题的习惯，也让部属失去锻炼处理不同情境的能力，以致效能不彰，最终受苦的还是主管与组织。

长得太好也有事？

你能得到职位是长相加分吧？!

一位好朋友打了越洋电话，兴奋地叙说几位在美国退休的教授们相互传阅着一篇关于我的文章。我请朋友转寄给我，原来是大家热烈讨论一篇几年前某周刊杂志的采访文章，关于我分享两岸教学经验的。我顺着朋友的社群贴文往下看了留言板，很诧异地发现，某位知名教授也有留言，内容竟然说："我认识这位陈女士，她能做那些国际机构的大职位，是因为长相加分吧？！"

第一反应是对方肯定我的长相。定神想了想，自己最多算是长相端正，这样的观点竟出自一位高级知识分子之口，不免令人失望。这职场上的性别议题，让我回忆起自己的际遇，也想起一位才貌出众的女学生所遭遇的真实故事。借此分享女性想在职场上胜出，可能面临的挑战。希望也给男性职场人士间的竞争情境提供参考。

文华在某家著名国际网络公司担任储备干部，在校期间被称为校花，功课才艺均表现突出。虽然我上课比较严肃，文华一直落落大方，从不畏惧我的直率点评，总是在我眼前跟前跟后，我们因此很相熟。她在职场的第一份工作，表现亮眼也很快受到瞩目。可是，半年后她来找我时，述说自己的女主管如何给她穿小鞋，刻意找她麻烦的经过，说着说着忍不住落下眼泪。

女人通常会为难女人?

从文华的叙述中，可以分析出她的挑战大致有两个方面：

一是女性与女性主管相处的问题。我鼓励文华，在大机构服务，要避免女性恐怖幻想症，不要先入为主以为女主管有意找自己麻烦。我建议她先从几个方面自我检视，首先要体谅主管都很忙。女性的心绪都很敏锐，主管没细声轻语，不意味着是责备或有偏见，反倒是以为女主管都应该像姐姐、妈妈或闺密一样亲切耐心，这是很不实际的想法。文华应该调整自己心理上的期待。

因为文华从小都是在夸赞中长大，工作经验少，因工作失误或没完善而被主管叨念两句，便立马往坏处想，这其实是无谓的。长相好看的女生常被当成宝，加上聪明能干，就很少接到点评。这到底是幸运或是不幸运，大家可以思考一下。反而，文华应该关注在主管点评的事情以及自身缺失上，到底是自己思路不通顺，细节没关照好，还是与其他同事在协作上出了问题。主管的点评就是主管的点评，立即联想跟主管性别有关，很容易纵容自己编织的剧情，而将事情本身复杂化。女性职场人士在人际关系中强调性别差异，对自己经常是更为不利的心态。

文华想了一下，想到自己在有些事上没获得主管的支持时就擅作主张，甚至有次主管明确表示了不认同。还有一次，因为自己不成熟，听了其他人的闲言，在办公室里闹过脾气。文华叹了一口气，恍然大悟，应该是因为这些事端，主管才将自己盯得很紧。说到这，我想文华厘清了问题的眉目了！她说会立刻改正，请主管原谅。

你是去上班还是去服装表演?

文华的第二个问题是关于办公室着装。文华提到有件往事，说想谢谢我。她曾选修了我的“职场素养”课程。一次课前班长通知大家穿正装，课堂上让我给大伙点评正装的正确穿法。学生排成人龙，一一走向我，行好握手礼，并接受仪容点评。长得高高美美的文华，这一天特别打扮了一番，走到我面前，我当时没给予很多关注，只说了一句："穿得这么美？"同学们根据我的点评调整衣着后第二次出现在我面前的时候，根据文华的记忆，我眉头皱了一下，说："穿这么美上班吗？"依然没给其他说法。

说实在的，我自己对此事的印象已经模糊，我想知道为何她提起此事。她说，刚开始的第一个月，她是打扮得很美去上班，觉得很多人都开始关注她，其他同一批入职的女同事也是争奇斗艳地打扮。有一天因为重感冒戴着口罩上班，在公司小餐厅里的文华听到一位男主管与一位女主管的对话，两人都在批评她们这一批新进人员的打扮，主要的观点是，不好好做事，耗费时间心力在外表上，慨叹着公司往后要栽培出怎样的中层主管呢？

文华的困惑是，原来有些男性主管也不乐见女部属花枝招展的装扮。这个发现让文华想起老师在课堂上不多点评她的情节。我回答说，你自己明白这道理，比老师说出来强多了。女性在职场胜出非常不容易，让自己的妆容清秀利落是必需的，然而应该更多展现的是全心投入工作的专业形象。我坦承，当时不点评她并没想太多，而今学生有这番体会，算是有明显的长进。认真工作的女性是最美的，也避免了许多无谓的是非，或是助长同事间的妒忌之心。

当然，这些困扰并非限于女性。职场上，长相出色的男性，也常会遇到上司刻意刁难，或是升迁路上受挫。这些人际间的因为羡慕忌妒而产生的问题很多，想在职场攀升的路上前进，真是很不容易的事。长得不好的人容易被当笑柄，长相好的，又很容易招惹闲话。不想被说成花瓶，就要注意打扮上的端庄。妒忌他人或不愿看人好，多数与自卑有关，与性别无关。职场人士既不要当嘴碎之人，也要谨慎处理好妒忌者。

在职场上，每个人都难免有情绪起伏，一旦处理不当，就可能导致重大伤害，对自己对别人都不好。

我所接触过的高级经理人，他们中多数心智较为成熟，能正视并接受自己“情绪”的起落，妥善处理自己的不安与困扰。**“情绪管理”是人生的必修课，我们都经常会遇到情绪问题，必须正视它、面对它、处理它，然后放下它，诚实接受“情绪”也是生命的一部分。**

处理情绪前先承认情绪

首先我们需要承认“情绪”的存在。

唯有承认“情绪”的存在，你才能恰当纳受，进而处理它。如果最后的决定是让“情绪”爆发出来，那么就不要强力压抑也不必因为情绪的宣泄而过度自责。因为无论我们如何忍耐，“情绪”终究会在某些时、空、情境条件的碰撞下跳出来。而且，原先未了结的“情绪”余波，还有可能震荡出其他的负面能量。长此以往，积累负面心绪，不仅会伤害自己，还会影响旁人。练习平复、排解“情绪”，妥善管理情绪，才是我们应有的态度。

当你体察到自己有心绪起落时，试着先做几个深呼吸，安静地用心面对自己的不安与懊恼。如此转换关注点，可以很快将情绪与自己的心拉开。也就是说，现在是“我”在面对“你”（情绪），因为“我”不属于“你”（情绪），不受“你”（情绪）的支配。一旦觉察到情绪产生，立刻静下心来，体察排山倒海而来的汹涌感受，这就是“自我觉察”，把自己放在“情绪”之外。练习到这个层次时，情绪便难以再继续控制你。随时做到有觉知地觉察到自己的情绪起伏，就表示有能力可以走出情绪困局，摆脱深陷情绪泥淖的风险了。

在体能不佳或意志消沉时，只能坐视情绪肆虐，沉溺其中无法自拔，甚至不愿走出。这种状况只要不伤及他人，不妨偶一任性为之，但要适可而止。我曾见过好友沉溺于情绪深渊，导致在职场上退步，生活也大受干扰。我们应引以为戒，谨慎自守。

想要更好地认识情绪，学习如何与情绪相处，在每次情绪浪潮退去之后，就必须反思细想，这个情绪给自己留下了哪些经验？仔细想它、看它，一次次的，它就会从潜意识中慢慢浮现，进而淡出，如此以后，它对我们的控制便越来越弱了。

心绪智能的锻炼是一条很漫长的路，不要害怕偶尔情绪失控，也不要强迫自己压抑心绪起伏，应该为情绪的宣泄寻找出口，比如到大型运动赛事或演唱会欢呼呐喊，释放压力，找回通体舒畅的感觉，享受更好的职场与生活。

不要让情绪化引发严重祸害

即便偶尔某件事引发了你的情绪爆发，也不需背负太多罪恶感，此时不如把力气放在抚慰因你情绪爆发而伤及的无辜他人，求取他们的谅解，这才是比较积极的补救做法。关于这一点我想分享我的一次经历，这件事在我 30 多年的职涯发展中，是一个很重要的转折点。

不到 35 岁的我就当上了汇丰银行投行台湾区的总经理，心中难掩得意，以为自己很不简单。之后不久，我又顺利争取到当时全球顶尖的金融机构“雷曼兄弟”（Lehman Brothers）的高管职位。我信心满满地前去香港就职，准备接受挑战。很快，我发现自己的专业与技能并不足用，尽管忐忑心虚，却好强不愿承认自己的不足。尤其作为部门里唯一的女性主管，我告诫自己，千万不能丢脸。

在一次高层主管会议中，一位过去曾负责台湾业务的同级别男性主管发言，质疑台湾业务的进展速度。换句话说，他是在批评我的绩效不佳。这番话已经让我懊恼又不快了，没想到，后来对方居然变本加厉："我来帮你做生意吧！"这公然挑衅的言语立刻激起了我的情绪，我一时语噎，没能反应。内心清楚对方所说基本属实，虽然压抑了怒气，但还是很不舒服。

会后大老板邀请参会同事一起用餐，我立刻推说有事无法参加。在我垂头丧气地走回自己的办公室时，美国籍的主管过来说："Felice，你知道我们为一位女性争取到这个职位，是多不容易的事吗？我期望你有志做好典范，能引导将来更多的优秀女性成为金融家。办公室里同事间的沟通，是对事不对人，针对问题直来直往的讨论效率最高，何况他的出发点是为银行的业务着想，我相信你是可以理解的。不妨想想，你是要一直记着被冒犯的感觉，还是回去好好向他请教做生意的经验，这是你的选择。我关心的是，若是你觉得自己刚才的反应有些过头，不妨思考一下如何恢复与他的合作关系。我猜想你还是很乐意留在机构里工作，证实自己的才干的，因为大家日后还有很多合作的机会。而且，这也是职场中每天的功课，对内对外都是如此！"

我静静想了两分钟，迅速回顾一遍刚才会议的过程，明白了主管的提点非常到位，于是快步跟上，加入了大家的餐会。令我感到意外的是，在用餐过程中，同事们都开心地吃饭谈工作，根本没人挂念刚才发生的对话。我很庆幸自己吸取到一个教训：学会管控自己，不能让“小我”引发的心绪无限蔓延，造成无可挽回的危害。

摆脱情绪干扰，专注解决问题

这次的经历给了我很深的触动及启发。之后，我很少再去臆测同事对我是否存有敌意。而是多花时间、精力以“同理心”体会旁人言行举止背后的思虑，琢磨自己该如何从困境中破茧而出，而不是沉溺在自己也不知道从哪儿冒出来的情绪或“我以为……”当中，误己误人。这个锻炼很有帮助，无论工作上要处理的人与事难度多高，多纠结复杂，我都能很快地摆脱心绪干扰，专注在对问题的解决上。

午餐后，我回去向主管感谢他的提点。他告诉我：“当有人讲到你的弱点时，最好不要立即竖起盾牌自我防卫。此时，如果你可以做到先跳出来以旁观者的身份观察自己正在熊熊燃烧的情绪，你的心反而可以迅速安静下来。接下来，尝试着从对方言语的关系角度及内容角度去理解他所指涉的事情、理清事理的症结。剩下的部分就完全可以放心地用你自己的判断力与智慧去好好处理了。”我被这席话完全震慑住了，职场上的自怨自艾，不仅会让工作失焦，也可能因不恰当且无谓的情绪反应，失去展示才干的机会，实在不值得。

我真的喜欢这个机构，还要留下来发光发热，只是同事那句“我来帮你做生意吧”让我感到被大大冒犯了。现在我要怎样才能恢复工作关系又不觉得尴尬呢？下班前我来到这位同事的办公室，说明自己在开发业务上确实有些困扰，可否在他下回拜访客户时，容许我随同学习？由于我们是银行同级别的高管，如此示弱的态度，让同事也感到不好意思。后来，我们成了好朋友，一路上我向他学到了许多专业技能与应对策略。

其实出状况是件好事，可以检验自己面对状况时所持的态度，以及解决问题的方法，并总结从问题中得到的经验教训。这件事让我得到的另一个重要收获，是如何与方才争执过的同事恢复合作关系。将这个学习成果应用在日常生活中，也能获得很不错的效果。比如，当与好友或家人相处有误解冲突时，不能因此僵住而阻碍彼此的关系，总要双方努力修复，一个人要拥有幸福的家庭，在亲友圈内博得好人缘，得靠强大、正向的心力。多实践、多体会，慢慢就会看到自己的进步。

我很幸运能服务于顶尖的国际机构，同事们多数具备高水平的素养，直白说话更容易让彼此释怀。很多职场人士朋友未必有此幸运。若是你所服务的机构氛围不佳，人际间的交往经常让人感到别扭不安，此时你就只能坚定地以正向心力去应对。你可以根据自己所在的职场情境，放手尝试寻找方法，帮助自己平息情绪。这是每个人职场素养修炼的一环，**情绪如树叶，永远剪不完**。**持续精进的方法，就是把情绪化为优势，面对、接受、处理、放下**。**以无时无刻的觉知，锻炼强大的心力**。相信你也一定能找到适合自己的方法。

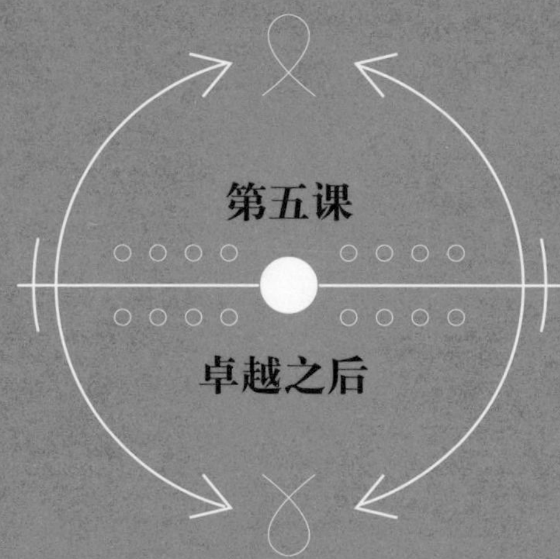

第五课

卓越之后

名片不是万能通行证

失去名片等于失去光环？

一位金融业的晚辈，在业界成绩不俗，也颇得名气。最近离开了辛劳备至的金融战场，转行当投资人，尝试不同的职场模式。

离开大机构之后，他发现与过去工作上熟悉的大客户安排会议时，开始有了些难度。原本总是热情招呼的秘书，似乎也变得不太热络。原本已经建立了不错交情的大老板们，在交往上也有了不同。这让他有点难受，也难以适应，难道大家以往的关系是建立在前公司的头衔上？失去头衔等于失去价值？

其实我也有过类似的经验，40 岁时第一次改行，从国际投资银行回到台湾与先生共同创业，开设咨询顾问服务公司。当我兴冲冲地与过去熟悉的大企业老板们约见，原本熟识的秘书，不仅招呼不若往日热情，还会委婉地查问与老板见面的目的，有些甚至直接推托婉拒。此时，制作再精美的新名片也挽救不了已经失去前公司庇荫的事实。职场人士每次转换工作，都必须面临新的调整与适应，这是理所当然的事实。然而，真的面对这样的现实时，坦白说，需要一点儿心力强度才能承受。

那位晚辈有些气馁地说，他现在必须从头开始拓展业务，原来的客户们不念过去他曾经提供过的价值，翻脸像翻书一样，心中不免耿耿于怀。我跟他说，我们这些有幸在大机构服务过的人，心里要更明白，客户肯定承办人认真负责，实际上更看重的是我们所代表机构的招牌信誉与服务资源。即使到了很高的职位，也要知道这是客户与机构的关系。如果以为这是自己个人的成就，混淆了工作与私谊，那肯定会心理纠结不舒服。换句话说，每份工作的身份，在离开时，就是一个关系上的断点。我建议他尽快放下过去对身份的记挂，赶紧调整心态，重新建立关系。

真才实力比名片头衔更重要

不管你在职场上拥有多高的头衔，都只是在这特定的职务期间，一时掌控着机构的资源与人脉而已。要能认清“机构才是客户往来决策的主要考虑点”，自己再能干，有时难免也有“狐假虎威”的现象。也就是说，机构才是真正让人敬重或是可以借力的老虎。因此，担任高职位所带来的神气威风，一定要谨慎珍惜使用，对部属、对客户都要真心负责，才能赢得最终实质的人脉关系。

职场人士努力工作，往上爬升，出任高级职位。然而，一旦获得了那样的身份和社会地位，就意味着需要承担更大的责任，而不只是表面上的风光。位居要津的人，名片一出手，所获取的眼光与尊重，还有工作上所掌控的权势，都来自组织所授予的身份，这一点，应该早有正确的认识。高头衔如同舞台上的镁光灯，站在镁光灯下，每个人都像大明星，只有真正具备实学才干、正直诚恳的人，在离开镁光灯后，才能继续保持个人的光亮。

那位晚辈淡淡地说，原来回归自己的本来面目，是这么艰难的功课，是考验，也是认识自我的珍贵机会。不愧是位悟性好的年轻人，往后定有更好的发展。一个人在职场上储备真才实力，借工作的挑战增长职场素养，有机会展现才华，才是对职场人士最重要的事情。

擅用名片为自己创造机会

虽然如此，但名片毕竟是职场人士通往商务场合的通行证，而名片上的头衔代表的是一个人在组织或企业里所获得的授权。借由名片其实可以好好拓展人脉，尤其商务会议或应酬都是职场人士在同事、上司、业界领袖和潜在客户面前，塑造正面形象的大好机会。在这些场合，你可以遇见成功人士或同侪间的佼佼者，此时务必掌握机会，好好展现自我形象，争取快速了解行业里的趋势知识等宝贵信息，不仅可能开拓人脉网络，还有可能获得到更理想机构工作的机缘。

商务场合有几个名片使用的要点：

（1）名片印制要细致，字体不宜太小，以体贴年长者。姓名与联系方式是名片的主要功能，务必印制清晰。每次出门最好检查是否带足名片。若当场不足给用，记得请对方惠赐名片，或留下联系方式，回头去信补充自我介绍或补寄名片。现在许多人习惯扫描互留联系方式，即使如此，也建议在相关互动平台上，应该使用真实姓名，避免使用让对方难以辨认，或是感受不佳的别名。个人联系方式的表达，实际上就是专业形象及职场素养的一环，所以还是谨慎为好。

（2）准备适当的名片夹，既专业又能展示个人的品位素养。名片夹最好购买有两格配置的，一格放自己的，一格放收进来的名片。名片夹一般收在西装左侧内袋，不建议放在外口袋，更不合适随便放在裤子口袋，显得不庄重。

（3）女性职场人士也尽量使用名片夹，看起来大方利落。

我自己进出商务场合的西装外套都有口袋，步入会议室或出席论坛前，总是先把名片夹握在左手上，或先准备几张名片在口袋里，这样与人握手时，看起来很流畅而不慌乱。参加大型会议或是外出开会时，若有背袋，我会挂在左肩上或是以左手提拿，这样可以方便腾出右手，随时准备与人握手致意，再顺手取出名片，交换个人信息。从容而优雅，较能让对方感到泰然，并留下深刻印象。

（4）与人初次见面时，请注意一定要先握手，与对方眼神交会，简要做自我介绍后，再出示名片。初次会面的印象很快会进入对方的大脑，若是你尊重这相识的机缘，自然应该诚挚表达以争取给对方留下好的形象。如果话都没说，对方根本不认识你，就急着塞名片，就显得很不适宜。

（5）递名片时，双手手指轻捏外缘呈递，字体朝向对方递出，方便其阅读。收到别人的名片，轻声念一次对方大名，以目光致意，表示尊重。一收下名片，正眼也不瞧就塞进口袋，这是很不礼貌的行为。

（6）与客户的重要决策者见面，一定要等自己的主管都递完名片再上前握手、自我介绍，然后再递上名片。同样的道理，在公开场合见到知名人士时，要稍微收敛一下自己是粉丝的兴奋，千万不要强索对方名片，也不要硬塞自己的名片给对方。

社交场合是为便利双方交流，不是单纯的名片发送和收取。我刚入职场，就曾受到主管提醒，懂了这一道理后，我会专注倾听宾客对话，安静微笑仰慕这些成功名人的谈吐。若是发现名人落单，才上前自我介绍简单寒暄。最有效的社交手法，是引起对方主动关注我，而不是强迫对方听我推销自己。用点儿心思**换位思考，就能理解对方可能的感受，避免自己的不当行为留给对方不愉快的印象**。

每次出现在商务场合，你的言行举止都是提供对方辨识或校准他对你在机构或企业里的身份与可能掌控资源的状况。从初次见面的名片递交，到沟通互动的顺畅与否，都会影响你的工作成果，也会影响你在组织里的绩效。客户不是自己的同事，有时我们很难判断对方是如何看待自己的价值，因此谨慎面对很重要。

网络交友、沟通，礼节不可少

由于网络发达，我们在职场上与人的交往形态也出现了改变。有时候由于工作的推进需要，需要和未曾谋面的对方开始互动往来，主管很快把你拉近一个对话框，你便开始与对方进行工作上的合作，这时还是有些礼节必须注意。

在任何平台上加人为好友，一定要记得第一则简讯是简要地自我介绍，包括你的真实姓名（不要用自己的昵称或别号）、工作职称与在这次任务中的分工，接着再请对方同意。即使你的主管或同事直接加你，也不要当成理所当然，还是按步骤完善自我说明的程序，这样才会被看成具备职场素养的人。

我经常在社群平台收到不认识的人的好友申请，有些是好友的朋友，有些像是学生，甚至有些是学生的家长的亲戚。我并非想得罪人或不礼貌，但实在是难以把未曾谋面的人列为“好友”，也不想轻易让陌生人出现在我的私人通信网络中。既然我们日常生活中选朋友都有各自的观点，网络上应无例外。因此，我大致能坚持社群平台上的好友都是真正见过面或是相互知道对方是谁的人，以确保我得以自在地在平台分享个人意见或智识。

同一个原理，如果大家在社交活动上有机会碰到各领域的成功人士，还是要考虑对方的身份与对隐私的观点，除非你们话题投机或是对方有意愿，否则不要太过积极地要求加对方成为网络社群好友。很多有身份名望的人，对择友都较小心。若你是代表自己服务的机构，才得以见到这位大人物，莽撞地要求成为对方的私人好友，更是未必合适。

商务沟通最常见的方式是电子邮件，所以请将电子邮件当作正式的纸本书信尊重对待，力求格式、结构的专业性，维系个人在职场的专业形象。首先，称呼对方应使用正式职称或头衔，不宜轻率直呼其名。回复信件除了要及时，不宜无故拖延，也要注意抄送副本的习惯。一般原则下，信中提到的人，都应在副本抄送列表中，这是商务往来上避免不知情的被提及者有所误解的方式。另外，电子邮件既是沟通的手段之一，若往来数次还没有解决问题，最好立即以电话或是会面方式继续沟通，以确保工作效率。

大家都希望自己的交往圈能维系一定的质量，那么时时保持礼节、展现素养就绝不能轻忽。

守护心中的英雄

职场与生活的历程，都是有起有伏，每一次面对这些起伏时，我们所抱持的心态与所做的抉择，就编织了最终的生命定位及面貌。我来分享几个自己真实经历过“守护心中的英雄”的故事给大家作为勉励或是警惕的参考。

听从心底的良善声音

金融圈有一位郭姓总裁，是公认的天才型人物，博学多闻、艺高胆大，年年为所服务的银行赚取很多利润。郭总裁在业界，向来享有谦逊的美名，我很景仰。有一次忍不住问起，他如何能在氛围紧张、竞争激烈的行业里，还能维持一派优雅耐心的形象，他当时没直接响应我。直到几年后，我们在出席一个国际论坛的路上，他竟还心系着我当年的提问，回说自己算不上谦逊，甚至认为不值得大家尊敬。我很讶异："怎么会呢？你的成就与待人处世之道，都令大家钦羡，而且诚心佩服啊！"我接着细数了他这几十年在金融业的杰出贡献。

没想到，他跟我分享了一段不为人知的秘密：在行业里崭露头角的那段期间，赚钱太容易，银行、主管、客户都对他百般礼遇，身边的人无不吹捧他，工作生活可说是要什么有什么。年轻气盛且恃才傲物，一时以为自己很了不得。我心里想："是啊，红人不都这样嘛？"接着，他提到自己曾经衣着光鲜、嚣张地在一处商场顺手牵羊过一个小物件。他说，这件犯罪丢脸的偷窃作为，在过去这些年都没有人知道，他自己却一直耿耿于怀，感到非常羞愧。每次被人称赞，都如坐针毡，觉得承担不起旁人对他的过誉。事后，他似乎受到报应，在工作上走了一段下坡路，有机会对自己做很深的批判。直至那时，他才鼓起勇气面对自己心中的贪婪与侥幸，发誓要严守高道德目标，还立志努力做事帮助更多人，希望能够弥补良心上的愧疚。

坦白说，他的一番坦白让我内心感到很复杂，既不安也不解，不敢轻易回应。最后，他竟然说是我的提问让他反复思索，最后愿意说出这段压在心头的往事，觉得心理上得到抒放。往后愿意以自己这个犯错、改过并且更积极正向的经历，警惕有才干、有前途，却一时走错路子的朋友，期许他们要听从自己从心底传出的良善声音，千万不要顺遂了恶意捣蛋的“小我”所唆使。与他的这一段对话，给了我极大的震撼。

我教书这些年，有不少学生和我在课程结束后还经常往来联系，我称他们是我在北京的家人。有一次，一位被称为“学霸”的学生寄来了近期的感悟：“能保持品格操守时，心中就住着一个‘英雄’。”学生说着他在职场上的孤独与奋斗，不讳言地提到在眼下的社会氛围里，有些正确的价值观不容易坚持，身边有人贪念太大，把金钱权势看得比书上学的道德品格还重要，有人则很恶心，陷害同事或做不公平的竞争。年轻人说，在十字路口常想到在课堂上学习到的，期许自己仍能坚定正向价值观，请老师常点评监督。

这位学生年少出国，在海外一流学府完成学业，回国工作后总觉得格格不入，很是苦恼。在诱惑不见底的金融圈工作，由于不愿与某些价值观不同者同流合污，以至于在职场的发展受到干扰。他曾正义凛然地论述自己的坚持，同学同事聚会时却有人讥讽他不识时务。这位学生与我几次谈论德国教育的精神内涵，羡慕日耳曼民族对荣誉感的追求及自我纪律的坚守。我总是表示肯定地听着，很理解他的心境，也会适时宽慰他的挫折感，盼望他能将这般良善的价值观坚持下来。

赚钱重要还是纪律重要

再说一个故事。有位在国际大银行负责机构资金操盘的主管，掌控天文数字的投资金额，在资本市场里的交易进出颇有先见之明，属于人称的神级高手。不仅所服务的银行重用他，很多机构更争相笼络，希望把发行的金融商品卖给他，一时非常红火。熟悉债券交易商品的朋友知道，银行购买大额债券，很重视发行单位的信用评级。通常，银行的风险管理部门对于债券评级都很谨慎，不会允许交易单位买进信用评级较低的债券，增加银行的投资风险。因此，即使是操盘部门的主管，也必须遵循信用评级和风控部门两个单位订定的债券筛选规范。也就是说，哪些发行机构的债券能买，哪些不能买，都有清楚的列表供交易部门遵循，而且定期更新。

有一年，全球金融市场波动很大，每家银行业者的资金操盘绩效都不如预期。有意思的是，这家银行大老板休假回来发现，他不在的一个月里，银行的收益还有增长。心里既高兴，但也感到好奇，大老板查看了近来的交易明细，惊讶地发现那位操盘金童竟然大额度地买进了一档低于银行信用评级允许的机构所发行的债券。

大老板立刻把交易主管找来了解情况，操盘金童说是根据非正式渠道的消息分析这种债券风险不算高，因为大老板不在，他就略过通知相关部门主管的程序，直接做主买进债券，还很自信地说持有的期间很短，大老板不喜欢卖掉就好，反正现在获利已经不少。

你认为操盘金童说的有道理吗？结果大老板听完之后，立刻下指示出清这档债券，并且要求这位操盘金童当天离职。听到大老板的处置，操盘金童愣了几分钟，便懊恼地离开了银行。比较不幸的是，违反内部风控规章的行为还记录在了他的人事档案上。你是否觉得他很冤呢？出发点是好的，也为机构赚了钱，竟然还被解雇？

金融机构是一个国家经济命脉之所系，严格规范金融机构谨慎运用来自社会大众的资金，是很关键的风险管理原则。这位操盘金童即使有一百个好心，但他侥幸的激进手法，正好把银行带向风险未知的境地，这是不被允许的行为。好的机构有严肃的价值观，更有良好的风控观念，他的大老板认为“遵循规范的重要性远远超过你是否为机构赚到大钱”。这一点我也十分认同。这位当年的操盘金童是我的朋友，结果他隔了几年才重回市场，他当然还是个技艺高超的好手，但绝不会再犯年轻时的错误了。

生命是自己的事

人的一生中，无论工作或是生活，能不能坚持守住自我的节操品格，或是随时听从心底良知的声音，舍弃诱惑化身的种种借口，对一个人是很大的考验。无论情境如何为难，如何不容易说清楚利弊得失，最终我们所决定的方向，就从那一刻起成为个人的选择，也从那一刻起，个人就必须承担选择的所有代价。

每次选择，都有好处也有坏处，这是必然的。就如同太极一样，黑里有一点儿白，白里有一点儿黑。无论如何，现实职场或生活中，我们多半不能只挑好的，而不接纳其中掺杂的沙子。所以，若是后来发现事与愿违，再推托说是旁人的干扰或是环境上的不利因素造成自己的失误，可能没说服力，也显得自己不成熟，而且也于事无补。

当一件事被认为做错，可能是因为决策者当时畏怯于情境所做的妥协，也可能是自己贪念太强所驱使，这都很常见。我也见过，这些被认为做错事的人，还可能是平常大家认为道德操守不错的人。这些例子告诉我们，即使是学识高超，在一流机构中供职的职场人士，也可能因为一时不察，触犯了道德操守上的红线，一失足成千古恨。所以，能否“守护心中的英雄”，与学历、社会地位并没有必然的直接关系。

平心而论，没有人愿意做一个决定，事后被评断是“错的”。问题是，我们不能因为害怕做决定，而停止开拓生命的轨迹，职场人士也不能总是担心后果，而不做出自己职务上应该承担的判断。我们唯一能做的，是在每次做决定时，忠诚面对自己真实的想法，参考情境相关的所有信息，做出决定并承担责任。每个人都是在一次次选择、决定、承担、检讨、学习、吸取教训的路上勇往直前的。

最后再分享一则故事，有位好学的年轻人有机会与某位大人物贴近工作一段时间，发现此位风云人物擅长哗众取宠、讨好年轻人，实际上却经常言行不一，喜欢利用人。年轻人困惑地丢出一大串问题：

“为什么这样品格的人，可以获大名利？”

“这样的人是否比较厉害，该以他为榜样吗？”

“是不是要懂得逢场作戏、见风使舵、会忽悠人才算是高明？”

“我老说真话，好像显得很蠢。”

“做正直的人，实在太辛苦了。”

一大串的疑惑不解，怎么梳理呢？

我想告诉这年轻朋友：**“生命是自己的事，与他人相关的其实不多。要想坦荡终老，还是要靠自持自律，保守良善。走正道一定是艰难孤独的，但因此所成就的坚贞品格，会显得更难能可贵。”**

在不同的职场阶段都有课题要学习

回首往事时，常常感慨人生的虚虚实实、跌宕起伏，有开心、有失落、有得意、有挫败。职场人士的这些心情难免和工作有关。

在踏入职场最初几年，职场人士开始建构自己的工作能力框架。工作几年之后，经历增加，能力提升，阅历广了，胆子会变大一点儿，想要的也会多一点儿，比如深造机会、盼望升迁、加薪、增加人脉、有份好的感情、家庭与生活再顺心一些等。工作 5~7 年，职场人士的心态与状况会有比较明显的变化。这时候，对职场有了一定的理解，“生存”

这个务实的念头变强，也比较清楚自己的才识能耐，渐渐接受人生的现实，对于自己的能与不能可以诚实面对。多数人都在这时候开始愿意更真诚且严肃地看待自己工作与生活的下一个里程碑，也开始设定自己的生命目标。

通常，这阶段的职场人士可能刚刚成家或是考虑成家，人生的课题又增加了一道，有些东西开始不能再要了，有些已到手的可能还得舍去。一旦进入“舍”的阶段，心态上成熟了，情绪上却难免纠结。

孔子说“三十而立”，我恰好是在这阶段转换行业，从法律圈转战投资银行业的。转行后，我和职场新人一样从头学习，其间有许多难忘的惊涛骇浪，也开始品尝站在浪头上的甘苦。记得转行后的10年时间跑得好快，一溜烟，40岁就在转弯处，人生走到半途，以前可以潇洒的事情，变得越来越难以轻松应对，此时不免唏嘘生命必须务实，才能走得顺。

比较有趣的是，这时的我，纳受力突然增强，往常看不顺眼的人与事，逐渐觉得不那么刺眼。“四十不惑”是历经大疑惑后的顿悟，青春的尾巴也开始开启智慧时刻，很是神奇！对人生的领悟也深刻清晰起来，知道有些不能要，强求也不行。比如换了两回工作，心底也就更透彻了，说白了，职场环境的实质差异并不大，各家公司都有问题，一直困扰的事换工作也改变不了太多。这时，真正要关心的，是自己到底是不是诚实面对职场中的真实情境，愿不愿意好好在职场中勤学、发挥才干？这才是解决问题的关键。

我自己的职业生涯经历，是从第十至二十年之间，才真正体会到工作对我个人人生的真实意义的。工作了10年，难免对许多的事与愿违灰心，对生活上无止境的困难感到疲惫。这个阶段心绪起伏不断，也代表职场心态日趋于成熟。无论接下来的发展如何，事后回想起来，在这段已是职场老手的时间里，虽说起伏不定的状态很多，也可能是最风光强悍的日子，基本上是我职业生涯的主战场。

而我现在的心态则转变为“能少得的就不多得，不需得的绝不要”，虽然仍用“战战兢兢、勤奋不息”来勉励自己，但是对结果、对得失已经可以放得下，问心无愧就好。表面上看似失去进取心，心里却有许多奇妙的感触。我现在是自我人生的主人翁，只是外在与内在都历经了很多改变。我能骄傲地跟自己交代，在每一个阶段，我都很努力用心地做好本分。经验、才干、智识都没有白费，一切种种成就了我今日的面貌。这是我对“做中学，学中觉”与“功不唐捐”的见证。

构筑有意义人生的五大信念

我的成长得力于许多贤德前辈的言传身教与精神感召。现在我很乐意向年轻人中认真向上的朋友贡献真心建言，诚挚希望这些自己的心得感悟，能帮助到有缘的朋友。

提升职场素养，过有意义的人生

建议大家从职场素养、沟通能力、心绪智慧、专业形象及人文素养等主题入手，不断地吸收正确的知识并予以实践，锻炼自身的精英力，定能有所成。所谓的成功人士，多数在事业发展之初并不知道，或是不确定自己终究会成功，多数人都是靠着实践及努力，一步一个脚印，在成败交织的经验中，走出精彩的事业与人生。给自己一个成功的定义并设定每一步的目标，只要自己到达每一个里程碑，就是自己所定义的精英。不用妄自菲薄，或忙着与人攀比，自己精进最有价值。及早储备职场所需的能力及素养，绝对是值得的。

职场占了每一个人人生最好的岁月。我愿意为工作付出宝贵青春，是希望工作能带来成就感以及生活的意义。职场上形形色色的锻炼、挫败与成果，都是体尝人生不同情境的必要过程，与其抱怨，不如专注地把这段人生过得多姿多彩。职场经历的好坏，都是在淬炼我们的素养与深度。工作除了获取薪资与社会地位外，最明显的意义在于丰富自己每一段的人生风貌。

职场上努力做个有价值的职场人士；生活上持续修炼涵养与增长智慧，期许自己能进一步长进，助人助己创造幸福。这是内外兼修的功课，如同攻读生命学位，有着修不完的学分、学不完的知识，维持心态正向、积极行动，方为上策。

坚持正道，培养正向价值观

职场上充满诱惑，我们必须建立对“诚信”的信仰，才不致迷失。不仅是对别人诚信，对自己也要踏踏实实做到问心无愧。在五光十色的生命里，生命面貌是自己无数次关键选择的结果。

苏州寒山寺大住持的禅房门口有张帖子，内容是：“上等人安心于道，中等人安心于事，下等人安心于名利物欲。”追求正道是个人选择，不随他人好恶行事，更不可仰赖他人肯定以持志。自己的目标和行为，未必得到他人认可支持，甚至可能遭人忌妒，但一定要相信，坚定地走在正道上，人们会从你的作为中理解你，自然也会有追随者效法。“行正道”不容易，能长期做到更是真正的了不起，期许大家坚持努力，当今世道着实需要正道的典范！

护养自己的柔软心，珍惜生命中的胜缘

我期勉大家保持敬天爱人的宽大胸怀。无论是在工作或生活上，遇到挑战，静下心来感知事物的根本，抱持着开放的胸怀，不要随着狂乱不安的心念起舞。心能柔软，才能容纳不同观点，面对困难的事才能缓冲心绪起落。心若刚硬坚持成见，就看不到对方的视角观点。柔软的心有弹性、有空间，能爱人、能爱己，也能接受新事物的万象，这是很重要的器量。

生命由好的缘分与不好的缘分交错而成，我们的生活亦由顺境与逆境交织而成。顺境反映的是过去的功课做得好，逆境是为学习新功课而发生的。每个人每时每刻都是在持续精进的当下，正向面对、接受、处理、放下所处的际遇，才能胜任并承担自己的人生。

定期检视自己的初心，坚定持续自己的方向与力量。失误还是会发生，但只要吸取教训，期许自己不再犯，慢慢就会进步。这些好的、不太好的，甚至不好的人与事的交会，是我们生命之路上的起落与兴衰，是我们生命的乐章。很多事情的结果，或是与某一个人的缘分，需要过一段时间才看得出意义。有了这一层了解，相信大家遇到一时不开心的事，或是不喜欢的人，就会比较宽容。能欣然承担起每次缘会，就是“胜缘”，是生命的崇高境界。

寻找生命的师父

有好的、合适的老师指导，进步比较快。大家不妨在周遭请德才兼备的人指导你，当你的老师。师徒关系一如教练与选手。教练具备一定的智识能力，有经验及技巧指导选手迈向新的里程碑。教练愿意陪伴、示范、解惑，有爱心鼓励，也有严厉点评。相对的，选手要证明自己是好手，有能力上场比赛，或是具有潜力，愿意了解自己的不足与短处，敞开胸怀地相信教练的指点，全心投入锻炼。

要当好学生或弟子，首先得调整好“正向心态”。身份是学生，理应尽本分学习，把自己领导好：上课准时，课前要有准备并认真听讲，课后复习。其次，注意“精勤致之，少用借口”。追求卓越是学习的目标，所学、所知、所得、所悟，都是为了“成为更好的自己”，千万避免找借口怠惰疏懒。

求到好师父是我人生路上最幸运的际遇，有缘与几位“三重天外的师父”近身学习，让我功力跃升、受益终生。这样的师徒恩缘、教练与选手之情，让我练得一身好功夫，我也盼能不负他们当年严谨的训诲。

但念无常，慎勿放逸

我很喜欢佛家普贤菩萨的警世语：“但念无常，慎勿放逸。”这句话说明人生面对意料外的情境，是当然且必然之事。这话指出“变”是世间恒常的道理，警醒着人们应该接纳并理解大环境、小环境，还有身边的人，一切的一切无时无刻不在进行着微妙变化，我们的每一天都是一个无常的情境。

环境无常变易很难掌控，我们生于其中，要理解并予接纳，自己的心念才不会放纵，或是失落。在职场与生活的双重舞台上，无常的情境是我们用来锻炼“心”的纯净、坚定与纳受力的机会。所以，我们要张开双臂，拥抱任何可以学习的机会，至少要努力试一试，切忌任性率意、挑三拣四，放弃精进的良缘。

我们都乐意享受慵懒闲散的滋味，而这短暂的舒服，后患却不少。你会不会好奇，许多功成名就、富甲一方之人，为什么在可以随心所欲时，依然努力不懈，日日精进。这些人为什么愿意接受劳累？我认为，这些有成就的人清楚明白“心”一旦放纵，不论是贪图慵懒闲散，或受五光十色诱惑，都会涣散我们的专注心与进取心。职场不可能停下脚步，一旦停止，想要再将佚失四散的“心”收回来，整备完好再出发，职场生涯就可能留下一段莫名的空白。实践要从当下做起，不要等待，不要算计太多，所有努力都是值得的！

附录

芬享心得

自欺代价高

“自欺”是面对每天工作与生活的种种考验时，最容易犯的错误，一定要谨慎。“自欺”主要是因为犯懒，或是侥幸的心理作祟。当我们遇到挑战，或是遇到瓶颈不能突破时，很容易以各种借口、理由安慰自己只为一时方便，或是可以忽略某些事实真相，而贪图短暂的平静。一旦事态反转，等到不得已需要付出加倍力道来弥补“自欺”时，就会困扰不堪。

把头埋在沙子里搁置问题、任意免去标准作业流程，看似效率提升，实际却欲速则不达，或是因为侥幸心理最终偷鸡不着蚀把米，每次所得的教训，都在提醒我们专业素养的纪律以及按部就班的重要性。

踏实心绪靠自己

工作时难免因为人与事的处理不顺畅，突然感觉焦躁不安，这时若能自我觉察到心绪的变化，就有机会安顿自心，纾解负面感受。以我而言，若是心绪难以平复，我会找一处安静的地方，循一矩形，专注地看着自己的脚步踏出。请注意，脚跟先着地、接着脚板慢慢放下，然后脚尖落地，追求稳健踏实地迈出每一步，同时做深长的吐纳。观察自己的呼吸与脚踏在地上的每一步间的关系，自然会有一种奇妙幸福的安定感升起。这个方法很有用喔，试试看！

因为能，所以不能

一名刚刚入职的学生，苦恼地向我求助。他在工作上遇到小人，让人气馁，为难学生，不仅任务推展不易，还受到主管责备。

很多年前，我也曾向一位长辈诉苦，对于同事间的职位竞争，不知是否该予以反击？或是直接向更高主管申诉。长辈出自书香门第，修为特别好，他分享了他的家训“汉阴抱瓮”这句话给我，典故出自《庄子·天地篇》，比喻一个人纯真无邪，对事物顺其自然的反应，而不刻意用心思迂回以对。

长辈建议我上班时不要太过理会心机重、喜欢玩弄权术的人，告诫我："无论如何，正直做人是自己的选择。千万不要因为工作沾惹上坏习性，害了自己，不值得！"我从此就懂了："不狡诈，不是笨。看着耍弄小聪明，给人小鞋穿的人，只能说可怜。不回击，不是弱，是因为能，所以不能。"

你是狐还是虎

一位金融业的晚辈，在业界成绩不俗，也博得了名气。最近此君离开了机构总部，尝试不同的生命模式，转行创业，然而工作却开始出现困难。褪去了机构头衔，他惊觉自己过去建立的人脉在交往时有了质变。晚辈告诉我，原来在机构当高管是"狐假虎威"，机构才是老虎。当时自己神气，是否只是跑堂的一只狐？眼下面对自己，又有多少真才实学？

是啊，不在镁光灯下，自己的面容怎可能有同等光亮？即使同样是灯，光线强弱不同，神情与应对岂能依旧？原来，回归本来面目，是这么艰难的功课，是考验，也是认识自我的珍贵机会。

追求正道

在职场上，"羡慕"与"忌妒"有时很难区分。职场人士都希望获得同事、主管的肯定，却难保这样的肯定，在让人羡慕之余，也可能引发旁人的忌妒之心。

我曾经历他人的忌妒，甚至于背叛。有位长辈赠我一句话：“行之正，不求影之直，而影自直。”追求正道是个人选择，无法顺随他人的好恶而行，更不可仰赖他人肯定以持续。自己的目标，有时未必能获得他人的认可支持，甚至可能遭人忌妒，不管情境多艰难，一定要相信，坚定走在正道上，人们会从你的作为中理解你，自然也会有跟随者效法。

抉择形塑生命路径

年轻的时候总觉得日子还很长，心里很多的理想或计划，也都可以慢慢等到得空的时候再去做。工作 10 年后，我才惊觉，原来岁月不居，时光不等人！我们的生命历程里，尽过多少努力，获取多少素养内涵，能有多少面貌，都会累积起来决定自己面对明镜的心境，所有一切都是自己点点滴滴的选择所形塑的，无法归责于旁人。

过有意义的人生

我建议职场人士定期检视自己对“成功”所下的定义，尽量在年轻时，形塑出自己的价值观，以免把心力都耗在与旁人的攀比上，很不值得。每个人都应该勾勒出自己所追求的成功境界的样子，进而采取适当的路径达致目标。你是你，无法成为另一个人，无法完全复制另一个人的人生。

我定义的“成功”，是一个人对自己生命历程感到活得有意义的欣然，这未必意味着拥有财富或名气。只要愿意透过实践、不断反省、突破自我的人，远远胜过那些徒有权势钱财，而品格低劣的人。

我们不必羡慕他人富贵，更不要见不得别人比你顺利，让自卑感作祟或是产生忌妒之心。我见识过不少有大富大贵家世的人，我相信终究“只有好品格可以带来福德”。

提升素养靠自己

“素养”决定一个人的生命面貌。我认为，“素”是基础条件，除了天赋，主要由家庭及亲友的养育态度及价值观所养成。“养”则是个人后天通过启发、学习、感悟、反思，不断交互累积而成。“素”与“养”两者相生相伴，相互激荡、滋补或折损，日日调整，影响着我们每个人生活与心境的质量。

真正的生命高洁光辉的人士，有高尚的品格，宽宏的心胸与坚毅的续航力。于我而言，这些人都是追求能达致素养的真善美境界，也可以说他们都是生命修行的实践家。在职场上胜出的人，都是对自己要求严谨，做事追求卓越，做人有高强度的同理心与服务态度，并且愿意经常自我省察、在挫折中精进，逐步形塑自己素养的风格。素养就是个人生命价值的点滴累积，也是实质的自信心的根本框架。

驾驭语言好沟通

语言是沟通的工具，“工欲善其事，必先利其器”是大道至理。“器”可以是语言，也可以是语言背后的文化，能妥当驾驭语言，沟通能力就会比较好。

职场的成就固然不是以语言水平来判定职场人士才干的高低，但工作所需的专业及常用语则是必备的工具。工作上与人互动，表达时要专注探究自己所使用的语汇，是否符合职务上所要求的水平。即使双方都使用中文，仍需避免随心所欲的讲话，沟通要表达自己的真心实意，你所说的话，所使用的词句也会反映你的文化素养。另外，认识自己的文化来历，并且精确使用，是自重、自信，也是读书人的根本素养。

人际关系的关键词

人际关系的建立与维系，都要存乎“真诚”，这是恒真的道理。年轻时千万不要自认高明，企图玩弄他人的善良或是利用别人给你的信任，以免自食其果。

感谢晚了，原来可以有的当下感动就冷却了。关心晚了，过些时候的表达就减损了送出的温暖。这如同道歉不及时，任凭对方纠结挂心，有时再也难挽回原来的关系。这无关乎情感受伤的那一方是否有器量的问题，这是可以弥补错误的，或是及时提供宽慰的人可能因为一时心智的懦弱，损坏彼此的情谊。人的情感、心绪，多数是稍纵即逝的起落，能及时用善心响应眼前的情境，才不至于造成遗憾。

我收到一位学生的回应，很受触动："若未能适时觉知到身边人们需要的关心、站在他人的角度思考其期盼，而延迟了情感的付出，人与人之间的关系似乎就掺了枉然而惘然了。我倏然了解世间的做人与做事确实相辅相成，犯错其实等同于错过，错过即是犯错。"若观察到身边的人需要关怀，我们都要即知即行，以维护彼此的缘分。

舒缓焦虑的秘诀

我年轻时容易焦躁，直到40岁赴美国斯坦福大学进修，只身在加州生活学习，才真正感受到独处与静默带给自己的好处及愉悦。那是我在自我认知上进步很快的一段时期。

德国大哲学家叔本华曾说："我们承受的不幸，皆因为无法独处所致。"深刻点出人们之所以焦躁不安、担心顾虑，是源于欠缺对自己的认识，是安静地独处的时间太少了。

我有个心得，如果职场或生活考验我们对生命的态度时，能够做到安静地自我反思，就是幸福的时刻。多练习“喜欢生命中的每一刻，每天都可以很幸福”，我愿意这样告诉自己每一天。

向典范学习

对我而言，在“教育”及“素养”上的提升是突破阶级最有效的途径，而这两者的培育主要靠个人的努力，只要用心，任何时候都来得及调整自己的命运。

我出身清贫家庭，高中时期理解了“教育”及“素养”对我的重要性。步入职场后，争取几位愿意收我为徒的师长，近身受业于他们的言传身教。这是很幸运的际遇，我想以我所展现的愿意“全心受教、全力以赴”的坚定态度，回馈师长们倾囊相授，激励我迅速成长的大恩。

在职场上不断努力上进，向典范学习，我才得以提升素养，也在工作上受到肯定。所以，不要看轻自己的出身或是抱怨现况，只要加把劲儿找方法强化自己的知识能力，把握住每次培育素养的机会，一定可以开拓人生，发展之路更加宽广。

体态是教养、气质与素养的总和

“体态”是教养、气质与素养的总和呈现。职场人士对于自己的身形姿态要经常自我提醒关注，体态是成为专业人基本素养的一环。在西欧与日本教育体系里，在身形、表情、语音上强调静、慢、优、雅，认为这些是文明素养的表征。我曾到俄罗斯与东欧旅游，发现当地人们不仅讲究美学，着装简朴品位高，而且多数人的身形体态也都优美清雅，形成一个民族美好的风景。不管我们如何趋于自由开放，但收敛谨律的素养还是气质展现的最重要部分。

| 素养需日日实践 |

一个人素养实在不容易养成，需要温柔的心与细致的生命态度。一个社会的宁静祥和，是靠其中每一个人，时时刻刻贡献一己素养的能力所造就而成。真正的心安情逸，是一种身心的状态，来自日日实践的素养沉淀。

我在京都大学担任访问学者时，近距离体会了这个深受中华文化影响的古都，人们日常生活的点点滴滴。我曾见到一位小学二年级的女孩，从地铁站走出来，稳定的脚步，轻声地哼着歌。看到她背包及手提袋中的书本与东西很多，于是问她：“功课很重喔，辛苦了！”女孩先是害羞地低下头加快脚步往前走，当她走上路面最后一个阶梯时，竟回头对我微笑，扬起声音说：“学校可以学到很多东西呢，我很幸福喔！请您保重啊！”

我还发现一位女士跪在花店前面选花，好奇地问她：“为何不进店里选花？”她优雅地回应：“今天有插花课，我为万圣节创作选花材，想跟这些向着阳光的花儿说说话，看哪些是比较有趣味的。”原来是插花老师，如此用心爱花、爱学生！

常相思，牢记恩

人脉或者说人际关系，都要靠平日花心思经营才能积累并维系。人与人之间有时热闹咋呼，实际上大家心里都明白，“君子之交淡如水”才是经得起时间考验的情谊。只有真心挂念着，定时、不定时关心，别人才会因为感动而记着你，这样建立的情谊才是扎实的人脉关系。

我的方法是每个月有二三次，有意识地用心给两三位朋友打个电话，这些人可能是客户、朋友、过去的主管同事、新认识的人，分享自己的近况，关心对方。慢慢地，我会更清楚哪些人可以成为好友，给我正向力量。多数人都是心地温暖的，你这么做一定可以感动人，这些感动有很强的动力鼓励我持续进步。

同时，我常想着有很多人陪伴我，走过一段段不同的路，这就是美好人生的真实，所以我说人际关系要靠“常相思，牢记恩”。

初心

一匹资质不凡的骏马，不分心向前看，专注奋力地跑，才能锻炼成为真正的千里马，获得伯乐的赏识。凡事诚挚看待自己的初心，全心全力投入，就能拥有足够的心力强度，成为有勇气的人，不轻易畏惧无谓的批评。

面临突破性决定时刻时，我们会显得犹豫，这很正常。犹豫多是来自观察到的一些不利因素，想要的却是这决定带来的好处。因此自然就形成“我怕”“我担心”的心绪变动。事实是，天下没有不付代价就能尝到的甜头。

在未知的边缘，或没有经验的轨道上，我们会产生心无所依的不安感。这通常是事情最贴近真相或是触碰内心最深处的自然反应，我每次遇到这类感受，都会乐于把这当作是开发、认识自我的好机缘。

人际关系里，担心害怕他人批评，以致草草做事，随意敷衍，一旦结果不如预期，自己又不原谅自己，这很容易让一个人陷入犹豫不安中。我们要避免过分在意他人，因为忧谗畏讥，终究不免一事无成。只要真心努力做事，不要只仰赖他人的赞扬，这样，别人的恶意轻蔑，就不会消耗你对自己的认知。

活在别人嘴下，是种很悲哀的感受。我们谁都不想成为被讨厌的人，但是你若心头不能稳住，还是遮掩不住自己畏缩别扭的形象。

欣然承担生命的胜缘

在职场上的人与事之间，有好的缘分，也有不好的缘分。这些我们无法掌控的缘分，编织起了每个人工作环境的形貌，进而成为我们生命路上的经纬纵横、点滴起伏。

一个人能欣然承担、胜任起每次缘分相关的人与事，就是“胜缘”。生命轨迹的顺逆，取决于一个人的际遇、努力的程度以及价值观的正向与否。对我而言，人生就是把“际遇”二字作为发展路径的轨道，所有的经历、感悟、精进成果，就是承载在轨道上的珍贵收获。

生命的关键“际遇”是非常珍贵的。我的体会是，到你眼前的缘分，都有其原因，有时当下就清楚知道，有时是事后或是较长时间之后，才明白自己为什么会与这个人或是这件事有所牵连。因此，遇上了就以正向态度响应。

这当然不是件容易的事。我经常提醒自己，现在的好与坏，不保证明天也是如此，同一类的人与事即使一时可以闪躲，但老天爷总爱开玩笑，好像不修好这学分，老还会遇到类似情境。长辈就曾提醒我：“聪明人很多，有心者少。”他说的有心，是建议我安心接纳、应对各种滋味的际遇，最终一定会看到有意义的结果。当个“务实而有心的人”，就能胜任职场与生活上的每次机缘。

珍惜点评

职场人士最想要的工作就是尽可能不受拘束，能躲过老板的盯梢。然而，我见过有些职场老手，到头来不免懊恼自己在年轻时没有足够的努力，眼睁睁望着升迁受阻或是才干终究无法发挥。

这一类有些才华、自命不凡、不喜欢老板钳制想法、不爱同事客户批评的人，要如何避免这样的懊恼?

我建议把“勉强”二字常放心中，警惕自己为好。“勉强”的字面意思就是在情愿之外再多出一点力。“勉”是用自己的力气，从提升觉知到实践；而“强”是外在的压力，就是接纳有意义的点评，能力才能推进。延伸此二字意涵到职场上，“勉”就是自我领导力，是自律的建立与坚定；而“强”则是正向看待来自主管、客户、部属，及所接触者（包括社会）的竞争及期许。“勉”与“强”可说是精进的原动力，缺一不可。

你愿意摸石头过河、慢慢学，这是个人学习方式的选择，不能说错，若想获得长足进展或是茅塞顿开，确实要靠外力的刺激。建议朋友们珍惜真诚的点评意见，要挂在心上常琢磨，久了必有收获！

| 职场素养的关键轴心 |

职场人士步入职场后，“学历”就成为过去时，尔后对你的绩效评量及个人评价，主要是围绕着你是否具备“解决问题的能力”与“自我领导力”这两轴心所延展的能力幅宽，而这两项能力轴心就是职场素养的主轴。从此，你开始扎扎实实与身边的同侪竞争，时时证明自己具备这两项能力，有潜质向上攀升，对组织有中长期的价值。

职场上的考核机制，并非有可量化的标准可以依循。即使是大机构的考核机制，最终还是由人来评分并做出判断。职场人士必须先接纳“职场情境多数是没有标准答案的”这个现实，无论你从事哪种工作，你的工作场域就是持续精进的练习道场。与其抱怨工作不理想，担心主管不喜欢你而无法升迁，反不如安下心务实面对现况，专注锻炼“解决问题的能力”与“自我领导力”所延展的挑战学习，撑起自己的一片天，写下属于自己的精彩故事。

“服务”是职场生存心法

刚刚开始在金融业服务的学生说，她在团队中是最资浅的菜鸟，其他 5 个人都是她的老板，什么事情都丢给她做，还常卷入 5 个人间的较劲争斗，每天工作得很晚，身心很累。

我回答学生：“是啊，那 5 个人当然是你的老板，将来你有部属，所有的部属，从某种程度而言，也会成为你的老板，还有，客户也都是你的老板。职位越高，你的老板只会越来越多。老板都是你要服务的对象，不把每个人都当成自己的老板，好好用心服务到位，如何能把人处理好、把事做完善呢？”

我刚进入社会时，遇到一位经常刁难我的客户，感到很委屈，有一次终于忍不住跟主管抱怨，结果主管点评我：“在服务业工作就是要把自己当成每个人的下属。就算再不喜欢客户，既然对方付钱聘请我们，就不该抱怨，反倒应该把心思放在如何提供更好的服务才是。”我听后豁然开朗：职场上，把每个人都当成自己的老板服务，才能完善工作任务。

向懒告别

我们都知道“懒”的坏处很多，但总是欠缺毅力坚守自律，常松懈让懒再次上身。

“懒”字很有意思，从左往右读，“懒”就是把自己的心赖给别人。有价值的职场人士要向“懒”告别，请把赖给别人的心拿回来。工作上、与人相处，或与自己相处都应该坚持向“懒”告别，把“懒”字从右边反读回来，负、束、心，就是负责约束自己的心。我想强调：“懒”是自我领导力提升的致命障碍，所以请各位一定尽力跟“懒”告别。

“人生全然是自己的事，个中滋味冷暖只有自己知道。”我们就专注于对自己的理解，追求成为更好的自己，也逐渐摆脱对旁人评价的关注。如此，心态上会更为泰然自若，对每段精进路上的辛劳也能安之若素。怠惰带来的是短暂的舒适，唯有勉强自己不断付出，才能淬炼出美好的卓越成就。

不要放纵自己的偏见

我们对身边发生的事情与相关的人，通常存有既定的意见，也就是成见。我们有时放任这些成见干扰对当下人与事的客观判断，以致做出不公平的评价。

其实，我们心知肚明，许多看似相同的事物，因为不同时点，不同人物的牵涉参与，每一次都有些微的差异，自然会形成各自不尽相同的情境。可惜的是，一不小心我们很容易就引用自己既成的观点，任性地坚持心中原有的念想，把该有的思辨力搁置一旁。

对自己成见的放纵，是一种偏见，对于人生所经历的点点滴滴，会逐渐失去警觉，也可能把身边的人与事，情境事理的好与不好，轻易视为理所当然，久而久之，我们的觉察力与反省心都会受到减损，很是可惜。

问心无愧

年轻人很苦恼：“眼看着一段情谊，势必得做出取舍了，只是很难受，不知道自己是错过了什么，或是做错了什么？”

我安慰说：“这就是人际间的缘分啊，每次的情谊都是有起有灭的。缘起时，多半欢欣喜悦，缘落时，则是滋味复杂。要理解的是，只要牵涉情感，就很难以付出多少来估算收获。只能问自己的初衷如何，以及在过程中是否尽力。人心要游离，天也唤不回。只要你无愧于心，就静定看待缘分吧。”

人际关系间的情谊，常伴随着或深或浅的“辜负”与“背叛”、“离走”与“自欺”，这些都是生命中深刻痛切的功课，只能各自修为。

有缘相遇，必定要历经相互理解的阶段，也会有做学相长，砥砺滋长的时刻。不管缘起缘灭，只要明白人与人的微妙，珍惜与人际间的相遇，真诚待人，常怀感恩，就足够了。

以言语触动人心

言语需要忠实地表述“心念”，若心中没有“感受”，多少言语都难以传递有意义的内容，自然也无法传递“感情”。如果言语欠缺“理性逻辑”，表达时的框架段落，难免散漫而难以让听者聚焦。因此，有能力驾驭言语的人，通常是对事物有感知、有观点，也能觉察其细微之处的人，所以他的表达自然就比较清晰、精致。

言语是沟通的主要工具之一，声音是副语言，声音能传达出说话者紧张、稳重、愉悦、哀伤、愤怒、冲动等“感情”，称之为声相。除了伪装能力强或心静无波的人，多数人在说话时的声相，都会如实反映心绪起落的实况，很难遮掩。因此，职场人士在工作场域里，要尽量留心自己的声相，避免因为声音表情的不当或是不谨慎，意外破坏了沟通的成果。

声音在言语内容之上添增说话人想传达的意识。具备领袖魅力的人，通常拥有柔和而坚定的声相；由于对自己所传达的内容具备自信心，有驾驭力，自然不需要特别扬声强调，语调自然坚定，而能触动人心，进而提供正向推动力。有志于提升自我领导力的朋友，要在沟通表达、声相，及肢体语言上多多着力锻炼，心力用得够深，一定会有所得。

成为更好的自己

愿意成为更好的自己的人，都有较高的自我期许，愿意认真谨慎地待人接物，愿意对所服务的组织与企业抱持热情。这样清晰而正向的态度，就是建构职场素养能力的基础，我相信你一定可以成就自己的目标，成为自己心目中所定义的“精英分子”。在追求达致自己职场目标的过程中，我提醒两个重要观念给大家参考：

勇于任事，还需思辨因果，扎实做好每一步骤。愿意承担任务很好，但要从追求的共同目标着眼，清晰思辨事情的利弊得失，避免以直觉或是小聪明“便宜行事”。侥幸的工作心态让人很容易忽略工作任务的严肃性，不仅不利于自身正心与正行的展现，也减损了建立绩效、博得信任的机会。

不轻易容忍小恶，形塑正直形象。不要追求旁人赞许我们微小的成就，你付出努力得到成绩是正常的，无须过度关注。而对自己有贪图的小恶，不管是念头或是实际作为，都要高度觉知地警惕避免。谨慎做人处事，不要对别人的进展眼红、起忌妒之心，形塑正直的价值观与专业形象。

有了这两个观念，虽只是个人行事风格的正心与正行，我们也可以直接或间接影响身边的氛围。为自己所处的职场，或是社会眼下的焦躁不平，履行个人的一份责任。这就是在专业素养上的实践！

打造自己的价值

一位长辈告诫我："心智不苦，患难未尝，则智慧顿，而胆力怯。"事实上，很少有能带来"成就感"的事情，做起来是轻松容易的。只有心力劳苦所获得的成果，才会令人雀跃，让人得以开启智识。

职场上常见有人只想要轻松、责任少的事情做，遇到困难的事情就推卸责任。这样的人，通常心力软弱，欠缺上进心，品格上有缺陷。更不好的是，常抱怨工作，知难而退，喜欢偷懒，消极影响旁人，只要有丁点儿挑战或挫折，就想逃避。

我有许多学生陆续进入职场，很快就展现出比同辈们更成熟的素养水平。工作努力尽责的学生，经常做完手上的事就跑去问主管还有没有其他工作。没想到，主管给的事愈来愈多，有时要下班前才突然交下新任务，这怎么是好？

我总是说，这些情境并非不合理，正是展现自己工作价值的机会。借此可以锻炼多任务同时进行的能力，有能力同时推进和完成几项任务，这就是成为主管、领导所必备的重要能力。职场上的新手要能吃苦，尽可能挑困难的工作做，也不拒绝主管指派过多或是平淡无奇的任务。久而久之，自己就能胜任各项挑战，具备在竞争环境中胜出的能力。

生命淬炼

职场风云变幻莫测，前一秒还貌似波澜不惊，下一刻已然是狂风大作，浊浪排空。人在职场，难免感慨良多。想要有上将军的胸襟和情怀，必然要接受风雨的洗礼，从中练就一身本领。人生所有一切欣悦的时刻，凡是从“天上掉下来”的，都难以烙印深刻，凝聚成幸福的种子。只有自己“耕耘挣得”的，经历过，思考过，才是真才实学，才能在时间淬炼下成就生命面貌上的光辉。

欲窥堂奥，只有自己亲身践行才能如愿

一位年轻朋友说:“如果保持着距离，就无法理解到最重要的东西。”深刻的感触，让人省思。知识易得，成果则需要大量的实践、调整与不断尝试，如此才能累积成自己的经验。

高明的师父，能为你指路，让你少走一段弯路。有些热情的师父，可能还带你到水边，陪你欣赏美丽的江景，吹吹舒服的风。只是，无论如何，只有你自己下水，才能真正体会水的温度、剔透与风险。

《麦肯锡精英的谈判策略：商务人不可不知的交涉技巧》

[日]高杉尚孝　著

掌握对手最渴求的目标

对抗恶意攻击

让彼此满意度大增的 13 种沟通法

无论升职加薪、商品买卖、面试、向客户提案……我们正处于把协商作为探索新关系过程的时代。你是否在日常交涉中，糊里糊涂就接受对方提出的条件，不知不觉让自己的利益平白受损？

本书以容易强化记忆的方式，为你呈现让谈判双方达到最大满意度所必需的技巧与方法，以及如何不被情绪所左右、以效率和诚信为基础的谈判策略。

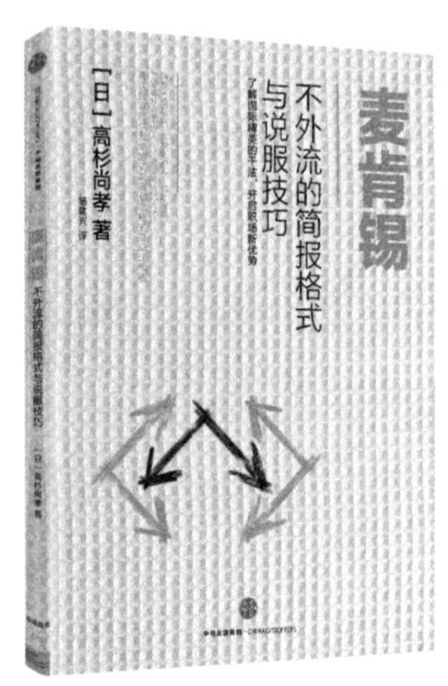

《麦肯锡不外流的简报格式与说服技巧》

[日]高杉尚孝　著

了解国际精英的干法，开启职场新优势

简报不是报告，会报告的人，比比皆是，但能做好简报的人，才是国际化的人才。

麦肯锡咨询公司创立至今，接近100年，已成为顶尖、精英的代名词，其最强大的核心能力，就是正确定义问题，然后运用麦肯锡特有的简报格式与说服技巧，就算再难搞定的问题或老板，都愿意信服这些精英的方案。在麦肯锡，简报不是报告，而是一种说服方式。简报是决定买卖成交、提案通过与否的最后一关。简报，即代表你这个人。所以，麦肯锡对简报的格式要求、技术磨炼极其严格。本书将为你传授其中的秘诀。